PROTOPLASMATOLOGIA
HANDBUCH
DER PROTOPLASMAFORSCHUNG

HERAUSGEGEBEN VON

L. V. HEILBRUNN UND F. WEBER
PHILADELPHIA   GRAZ

MITHERAUSGEBER

W. H. ARISZ-GRONINGEN · H. BAUER-WILHELMSHAVEN · J. BRACHET-BRUXELLES · H. G. CALLAN-ST. ANDREWS · R. COLLANDER-HELSINKI · K. DAN-TOKYO · E. FAURÉ-FREMIET-PARIS · A. FREY-WYSSLING-ZÜRICH · L. GEITLER-WIEN · K. HÖFLER-WIEN · M. H. JACOBS-PHILADELPHIA · D. MAZIA-BERKELEY · A. MONROY-PALERMO · J. RUNNSTRÖM-STOCKHOLM · W. J. SCHMIDT-GIESSEN · S. STRUGGER-MÜNSTER

BAND I

GRUNDLAGEN

1

DIE MAKROMOLEKULARE CHEMIE UND IHRE BEDEUTUNG FÜR DIE PROTOPLASMAFORSCHUNG

SPRINGER-VERLAG WIEN GMBH
1954

DIE MAKROMOLEKULARE CHEMIE UND IHRE BEDEUTUNG FÜR DIE PROTOPLASMAFORSCHUNG

VON

PROF. DR. PHIL., DR.-ING. E. H., DR. RER. NAT. H. C., DR. |C| H. C.

HERMANN STAUDINGER

FREIBURG, BREISGAU

UND

DR. PHIL., MAG. RER. NAT.

MAGDA STAUDINGER

FREIBURG, BREISGAU

MIT 27 TEXTABBILDUNGEN

SPRINGER-VERLAG WIEN GMBH
1954

ISBN 978-3-211-80344-8   ISBN 978-3-7091-2448-2 (eBook)
DOI 10.1007/978-3-7091-2448-2

Die makromolekulare Chemie und ihre Bedeutung für die Protoplasmaforschung

Von

Prof. Dr. phil., Dr.-Ing. e. h., Dr. rer. nat. h. c., Dr. [C] h. c. HERMANN STAUDINGER
Freiburg/Br.

und

Dr. phil., Mag. rer. nat. MAGDA STAUDINGER, Freiburg/Br.

400. Mitteilung über makromolekulare Verbindungen [1]

Mit 27 Textabbildungen

Inhaltsverzeichnis

[1] 399. Mitt. vgl. Z. Naturforschung 1954 (im Druck).

Einleitung

Die Bedeutung der makromolekularen Chemie für die Protoplasmaforschung liegt darin, daß die Existenz des Protoplasmas durch die von Makromolekülen überhaupt erst ermöglicht ist. Mit dem Nachweis ihrer Existenz stellt sich sogleich die Frage nach ihrer chemischen Konstitution und die weitere nach ihrem Zusammenspiel mit den übrigen Bestandteilen des Protoplasmas. Will man aber Aussagen machen über die kompliziertesten chemischen Verbindungen, die in der Natur anzutreffen sind und zu denen die des Protoplasmas gehören, so wird dieses Beginnen dadurch erleichtert und auf gesicherte Grundlagen gestellt, daß man sich erst einmal darüber orientiert, was bei einfachen makromolekularen organischen Verbindungen vorgeht und wie die Eigenschaften derselben durch ihre chemische Konstitution bedingt sind. Da Proteine, Nucleinsäuren, Polysaccharide und andere Produkte der Zelle makromolekulare Stoffe sind, so erscheint es daher zweckmäßig, neben einer direkten chemischen Untersuchung dieser Stoffe auch einfache synthetische makromolekulare Verbindungen auf Eigenschaften hin zu untersuchen, die für das stoffliche Geschehen der Zelle in Frage kommen. Nach Untersuchungen, die sich jetzt über mehr als drei Jahrzehnte erstrecken, sind Quellungsfähigkeit, kolloides Verhalten, topochemische Reaktionsfähigkeit, Einfluß kleinster Substanzspuren u. a. an synthetischen makromolekularen Stoffen als Faktoren ihrer makromolekularen Konstitution erkannt worden. So hat diese Arbeitsweise an „Modellsubstanzen" manche Aufklärung gebracht, mit deren Hilfe ähnliche Eigenschaften der Naturstoffe deutbar wurden. Dabei war die chemische Konstitution solcher Stoffe dank ihrer Zugänglichkeit durch Synthese bekannt. Hingegen ist noch bei keinem makromolekularen Naturprodukt seine Konstitution mit derselben Genauigkeit aufgeklärt, wie es heute bei niedermolekularen Naturstoffen die Regel ist und wie sie für mehr als ½ Million niedermolekularer organischer Verbindungen mit allen Details angegeben werden kann.

Durch diese Kenntnis der Modellsubstanzen und an Hand der an ihnen ausgebildeten Methoden ergeben sich heute neue gangbare Wege zur Aufklärung des komplizierten Baues der makromolekularen Naturprodukte. Es ist deshalb im nachfolgenden unternommen worden, solche Erfahrungen und Methoden darzulegen, trotzdem die meisten geschilderten Stoffe nichts direkt mit dem Protoplasma zu tun haben. Diese Tatsachen sollen aufzeigen, welche Eigenschaften der makromolekularen Stoffe der lebenden Natur zur Verfügung stehen für ihr ungeheuer mannigfaltiges, chemisch und physikalisch überaus kompliziertes Lebensspiel.

1. Makromoleküle

Das Leben einer Zelle beruht letzten Endes auf chemischen Prozessen. Wachstum und Teilung, spezifische Entwicklung, Übernahme und Tragen bestimmter Funktionen — alle diese Manifestationen des Lebens sind an außerordentlich mannigfaltige chemische Vorgänge gebunden. Seit dem

Beginn organisch chemischer Arbeit hat man immer wieder versucht, den einen oder anderen dieser Prozesse in chemischer Hinsicht aufzuklären, wie z. B. Atmung und Gärung; es ist auch gelungen, eine ganze Anzahl von Vitaminen, Hormonen und anderen im lebendigen Geschehen wichtigen Stoffen zu synthetisieren. Aber das eigentliche lebendige Substrat entzog sich bisher einer genauen chemischen Konstitutionsaufklärung.

Vor allem durch die bahnbrechenden Arbeiten Emil Fischers ist bekannt, daß die Hauptbestandteile der lebendigen Substanz, die Proteine, aus Aminosäuren zusammengesetzt sind, die zu Polypeptidketten gebunden sind. Ein analoger Aufbau aus kleinen Molekülen, nämlich der Glukose, wurde für wesentliche Polysaccharide, wie Cellulose, Stärke und Glycogen, aufgefunden. Aber die damals ausgebildeten Methoden der organischen Chemie reichten nicht aus, um so sonderbare Eigenschaften dieser Stoffe zu erklären, wie die kolloide Natur ihrer Lösungen und deren Veränderlichkeit, ihre Elastizität, das Faserbildungsvermögen usw. Auf Grund der festgestellten Zusammensetzung aus zahlreichen kleinen Einzelmolekülen bezeichnete man diese Stoffe als hochmolekular oder hochpolymer, ohne etwas über ihr Molekulargewicht sagen zu können. Die Annahme Emil FISCHERS (1913), daß diese Substanzen ein Molekulargewicht von höchstens 5000 hätten, blieb lange Zeit vorherrschend. Daher glaubte man, die weitere Bearbeitung der auffallenden Eigenschaften dieser Stoffe der Kolloidik überlassen zu müssen.

Erst vor ca. 3 Jahrzehnten ergab sich — zunächst an einfachen Verbindungen, und zwar an Kohlenwasserstoffen (H. STAUDINGER u. J. FRITSCHI 1922) und dann den Polyoxymethylenen (H. STAUDINGER u. M. LÜTHY 1925), daß organische Verbindungen Molekulargewichte von weit über 5000 haben können und daß auch Moleküle von sehr hochpolymeren Produkten nach den Gesetzen der Kekuléschen Strukturlehre aufgebaut sind (H. STAUDINGER 1920, 1926). Die besonderen Eigenschaften, durch welche sich diese Stoffe von den gewöhnlichen niedermolekularen Stoffen unterscheiden, sind bedingt durch die Größe und Gestalt ihrer Moleküle. Diese Erkenntnis führte dazu, solche Moleküle als Makromoleküle (H. STAUDINGER u. J. FRITSCHI 1922, H. STAUDINGER 1924) zu bezeichnen und nach neuen Methoden zu suchen, mit deren Hilfe ihre Konstitution ermittelt werden konnte, da dies mit den bis dahin allein bekannten nicht möglich war.

Die Existenz solch großer Moleküle hängt mit der Bindefähigkeit des Kohlenstoffs mit sich selbst und wenigen anderen Atomen, wie Wasserstoff-, Sauerstoff- und Stickstoffatomen, zusammen, die nach den Gesetzmäßigkeiten der Kekuléschen Strukturlehre zu Molekülen des verschiedensten Baues und der verschiedensten Größe verbunden werden können. Im Hinblick auf die lebende Substanz ist die Existenz von Molekülen solcher Dimensionen eine unbedingte Notwendigkeit; denn die Hauptmenge der organischen Substanz setzt sich aus Verbindungen zusammen, an denen im wesentlichen die genannten vier Atomarten beteiligt sind. Um also hier zu der notwendigen Mannigfaltigkeit der Stoffe zu gelangen, müssen diese vier Atomarten sehr verschiedene Moleküle bil-

den, was wiederum nur möglich ist, wenn sehr viele Atome im Einzelfall
verwandt werden. Dies erhellt aus folgendem Beispiel: während man mit
10 Backsteinen und etwas Glas, Eisen und Holz nicht viel anfangen kann,
kann mit ca. 50.000 Baustücken ein Haus erstellt werden, und zwar mit
derselben Menge Material ganz verschiedene Häuser, denn mit solchen
Mengen von Baustücken können eben ganz verschiedene Baupläne ver-
wirklicht werden. Welche Anzahl von Bauplänen hier in Frage kommt,
zeigt folgende Betrachtung.

Eine Eigentümlichkeit der organischen Verbindungen ist ihre Fähigkeit.
Isomere zu bilden, also Stoffe gleicher Zusammensetzung, aber verschiedenen
Bauplans. Dies ist bereits bei den Paraffinen zu beobachten, in deren
homologer Reihe die Zahl der Isomeren mit steigender Zahl der sie zusammensetzenden Grundmoleküle (CH_2) stark anwächst.

Tabelle 1. Isomere Paraffine.

	Molekulargewicht	Zahl der isomeren Paraffine
CH_4	16	1 Methan
C_3H_8	44	1 Propan
C_4H_{10}	58	2 Butane
C_6H_{14}	86	5 Hexane
$C_{10}H_{22}$	142	75 Dekane
$C_{15}H_{32}$	212	2 513 Pentadekane
$C_{20}H_{42}$	282	21 585 Eikosane
$C_{100}H_{202}$	1 402	etwa 10^{10}
$C_{1000}H_{2002}$	14 002	$> 10^{20}$

Diese Zahlen werden naturgemäß viel größer bei Molekülen, die aus
verschiedenen Grundmolekülen zusammengesetzt sind, wie z. B. die Polypeptide: man kann aus den 20 bekannten Aminosäuren $2,4 \cdot 10^{18}$ isomere
Polypeptide herstellen.

Tabelle 2. Isomere Polypeptide.

	Molekulargewicht *)	Zahl der isomeren Polypeptide
2 Aminosäuren	ca. 240	2 Dipeptide
3 ,,	,, 360	6 Tripeptide
4 ,,	,, 480	24 Tetrapeptide
6 ,,	,, 760	720 Hexapeptide
8 ,,	,, 920	$4,0 \cdot 10^4$ Octapeptide
10 ,,	,, 1200	$3,6 \cdot 10^6$ Dekapeptide
20 ,,	,, 2400	$2.4 \cdot 10^{18}$ Eikosapeptide

*) Das mittlere Molekulargewicht eines Aminosäurerestes wird zu 120 ange-
nommen.

Das Molekulargewicht der Polypeptide der Tab. 2 ist dabei aber noch
nicht von der Größenordnung der wichtigen makromolekularen Proteine.
Um diese zu erreichen, müßte man Polypeptide aus Hunderten oder Tau-

senden von Aminosäureresten aufbauen. Nimmt man dabei an, daß am Aufbau eines Proteins aus 1000 Aminosäureresten 20 verschiedene Aminosäuren beteiligt sind, so errechnet sich für diesen Fall eine Zahl der Isomeren von 10^{1278}. Ihre Größe wird dadurch veranschaulicht, daß die Zahl der Wassermoleküle in den Meeren der Erde bei einer Annahme ihres Volumens zu 1300 Millionen km^3 und auf Grund der Tatsache, daß in 18 g 6.10^{23} Moleküle Wasser vorliegen, nur 4.10^{46} Moleküle beträgt!

So ergibt sich bereits aus dieser Zahl Isomerer, welche unbegrenzten Möglichkeiten der organischen Natur geboten sind durch die Tatsache der Existenz von Makromolekülen. Dabei ist Isomerie nur eine der verschiedenen Variationsmöglichkeiten makromolekularer Architektonik. Auf die weiteren wird noch genauer einzugehen sein (vgl. Abschnitt 3 d und 5 b).

Diese ungeheure Zahl von organischen Verbindungen ist nur in einem geringen Temperaturintervall existenzfähig, welches um so enger ist, je komplizierter die organischen Verbindungen gebaut sind. So verändern sich Proteine bei 100^0 C tiefgreifend; bei 500^0 C sind nur noch relativ einfach gebaute Verbindungen beständig. Komplizierte makromolekulare Naturstoffe sind nur in einem ganz beschränkten Temperaturgebiet anzutreffen. Ihre Beständigkeit beruht dabei auf der merkwürdig großen Reaktionsträgheit ihrer Moleküle, die bei Paraffinkohlenwasserstoffen besonders ausgeprägt ist. So sind z. B. so stark exotherme Systeme, wie Paraffinkohlenwasserstoff und Luftsauerstoff, bei gewöhnlicher Temperatur ganz stabil; durch Eintritt von Substituenten gewinnen Kohlenwasserstoffmoleküle die Fähigkeit, Umsetzungen an einzelnen reaktionsfähigen Stellen einzugehen. Diese Kombination von großer Stabilität des Molekülgerüstes mit Reaktionsfähigkeit an bestimmten Stellen desselben ist charakteristisch für die gesamte organische Chemie. Sie ist es, die schließlich auch die Lebensprozesse ermöglicht.

Wie bei den niedermolekularen organischen Produkten, so kennt man auch bei den makromolekularen homöopolare und heteropolare Verbindungen, ferner organische Stoffe mit Hydroxyl- und Aminogruppen, nur daß die bereits bei niedermolekularen Stoffen dadurch bedingte Mannigfaltigkeit bei den makromolekularen noch sehr viel größer wird.

Dabei werden als makromolekulare organische Verbindungen solche bezeichnet, die als untere Grenze etwa 1500 Atome in ihrem Molekül gebunden enthalten; denn von dieser Größe der Moleküle an haben die Lösungen organischer Stoffe kolloide Eigenschaften: ihre Moleküle diffundieren langsam und können im Dialysator von kleinen Molekülen niedermolekularer Stoffe abgetrennt werden. Von dieser Molekülgröße an unterscheiden sich weiterhin Stoffe mit n C-Atomen von solchen mit $n + 1$ C-Atomen in ihren Molekülen praktisch nicht mehr in ihren physikalischen Eigenschaften, so daß ein Gemisch solcher Stoffe nach den in der niedermolekularen Chemie üblichen Methoden nicht mehr zu trennen ist. Solche Moleküle haben den Charakter von Kolloidteilchen; sie können sich infolge ihrer Größe überhaupt nicht anders als kolloid lösen (H. STAUDINGER 1929 a). Sie zeigen ferner auch im festen Zustand Eigenschaften, die bei niedermolekularen Produkten unbekannt sind, wie z. B. besondere Zähigkeit oder elastische Eigenschaften, die Fähigkeit, Fasern zu bilden und anderes mehr. Von dieser Größe an spielt auch die Gestalt der Moleküle vor allem für physikalische Eigenschaften eine große Rolle, worauf später noch eingegangen wird (vgl. Abschnitt 3 d). Daher ist eine Abtrennung dieser Stoffe von der niedermolekularen organischen Chemie notwendig, weil außer deren Methoden noch weitere, neue zu ihrer Bearbeitung notwendig sind. So ist die makromolekulare Chemie als eigener Zweig der organischen Chemie zu behandeln, obwohl die makromolekularen Stoffe systematisch aus den niedermolekularen herauswachsen und allenthalben durch Übergänge mit diesen verbunden sind. Einige charakteristische Unterschiede bei organischen Naturprodukten sind in Tab. 3 zusammengestellt.

Tabelle 3.

Unterschiede zwischen niedermolekularen und makromolekularen Naturstoffen.

	Niedermolekular	Makromolekular
Molekulargewicht	< 10.000	> 10.000
Zahl der Atome im Molekül .	< 1.500	> 1.500
Die reinen Stoffe sind	einheitlich	Einheitlichkeit unsicher, meist polymolekular
Lösungen	normal, dialysierbar	kolloid, nicht dialysierbar
Flüchtigkeit	zum Teil flüchtig	nicht flüchtig
Einfluß der Molekülgestalt . .	gering	groß
Synthese	durchführbar	bisher nicht durchgeführt

2. Die makromolekularen organischen Verbindungen

a) Die einzelnen Gruppen der makromolekularen Stoffe

Mit fortschreitender Kenntnis des makromolekularen Aufbaues hat es sich als zweckmäßig erwiesen, die makromolekularen Naturprodukte von den synthetischen makromolekularen Stoffen getrennt zu behandeln. In der niedermolekularen Chemie ist das nicht notwendig: denn sehr viele niedermolekulare Naturprodukte sind heute vollsynthetisch zugänglich und weisen in bezug auf ihren Aufbau keine Besonderheiten gegenüber den übrigen organischen Verbindungen auf. Die makromolekularen Naturprodukte sind dagegen bisher durch eine übersichtliche Synthese, wie sie Emil FISCHER (1906) vorschwebte, nicht zu erhalten gewesen. Weiter weisen sie Besonderheiten in ihrer Konstitution auf, wie z. B. bestimmte Periodizitäten im Aufbau, die bei vollsynthetischen Produkten in dieser Weise nicht anzutreffen sind.

Die vollsynthetischen makromolekularen Stoffe, die sich aus kleinen Molekülen durch Aneinanderreihung derselben aufbauen lassen, spielen heute in der Technik als Kunst- und Faserstoffe, synthetische Kautschuke

(Buna) usw. eine große Rolle. Auch makromolekulare Naturprodukte können zu technisch wertvollen Produkten umgewandelt werden, wie z. B. in Zellstoff, vulkanisierten Kautschuk, Cellulosenitrat, Galalith u. a. Diese Produkte können als halbsynthetische makromolekulare Stoffe bezeichnet werden.

Während man von niedermolekularen Naturprodukten Vertreter des verschiedensten Baues kennt, sind von makromolekularen nur wenige Bautypen bekannt, von denen die wichtigsten in Tab. 4 genannt sind. Die für

Tabelle 4. *Einteilung der makromolekularen Stoffe.*

I. Naturstoffe:

    1. Kohlenwasserstoffe: Kautschuk, Guttapercha, Balata
    2. Polysaccharide: Cellulosen, Stärken, Glycogene, Inuline, Xylane, Mannane, Pektine, Polyuronsäuren, Alginsäuren, Chitine etc.
    3. Polynucleotide (Nucleinsäuren)
    4. Proteine und Enzyme
    5. Lignine und Gerbstoffe (bilden einen Übergang von den niedermolekularen zu den makromolekularen Stoffen)

II. Umwandlungsprodukte von Naturstoffen (halbsynthetische Stoffe): vulkanisierter Kautschuk, Zellwolle, Cellophan, Cellulosenitrat, Leder, Lanital, Galalith etc.

III. Synthetische Stoffe:

Kunststoffe (Polyplaste) entstanden durch:
Polymerisation: Buna, Polystyrol, Polymethacrylester (Plexiglas) etc.
Polykondensation: Bakelit, Perlon, Nylon, Terylen etc.
Polyaddition: Polyurethan etc.

das lebendige Geschehen notwendigen chemischen Reaktionen lassen sich offenbar mit Verbindungen dieser wenigen Bautypen erreichen. Die Mannigfaltigkeit, die vom Leben benötigt wird, wird anscheinend durch Variation innerhalb der Makromoleküle, vor allem bei den Proteinen erreicht. Was hierbei allein schon an Isomerie möglich ist, ist in Tab. 2 dargestellt.

Niedermolekulare Bestandteile der Pflanzen- und Tierstoffe, wie z. B. Farbstoffe, Zucker usw., lassen sich in der Regel durch Extraktion mit Lösungsmitteln oder durch Destillation, wie z. B. ätherische Öle, gewinnen. Die von der Natur erzeugten Moleküle können auf diese Art unverändert im Laboratorium erhalten werden. Bei der Isolierung makromolekularer Naturprodukte läßt es sich dagegen nicht ohne weiteres sagen, ob man schließlich den unveränderten Stoff isoliert hat; denn diese Stoffe liegen in der Natur in keinem Fall rein vor, sondern stets vermischt oder verbunden, wie z. B. Naturstoffe der Gruppen 1, 2 und 3 der Tab. 4 mit Proteinen. Bei der Abtrennung und Isolierung ist es schwer zu beurteilen, z. B. in vielen Fällen bei Proteinen, inwiefern man den gewünschten Stoff unverändert erhält. Es ist bekannt, daß z. B. die Cellulose des Holzes bei ihrer Isolierung in der Technik stets abgebaut wird und man immer nur Gemische von Polymerhomologen erhält. Als solche werden Substanzen gleichen Baues, aber verschiedenen Polymerisationsgrades bezeichnet (H. STAUDINGER 1929 b). Die Anzahl der Grundmoleküle im Makromolekül wird als Polymerisationsgrad desselben bezeichnet, und zwar als Durchschnittspolymerisationsgrad DP oder mittlerer Polymerisationsgrad $\bar{P}$ (G. V. Schulz 1935; vgl. Zusammenfassung bei H. Staudinger 1950, S. 58).

Dagegen hat die Untersuchung von Proteinen, besonders einer Anzahl von Sphäroproteinen in der Ultrazentrifuge durch The Svedberg und Mitarbeiter (1926) ergeben, daß dies monodisperse Stoffe sind. Viele derselben können auch kristallisiert erhalten werden, woraus in Analogie zu niedermolekularen Verbindungen geschlossen wurde, daß sie einheitliche Stoffe sind. Möglicherweise hat eine Reihe weiterer makromolekularer Naturstoffe, wie z.B. native Cellulose oder Guttapercha, ebenfalls eine einheitliche Molekülgröße, da solche Stoffe, unter sehr vorsichtigen Bedingungen isoliert, nur eine geringe Polymolekularität aufweisen. Es kann allerdings aus der Tatsache der Gleichheit oder annähernden Gleichheit der Größe derartiger Makromoleküle noch nicht auf eine genau gleiche Konstitution derselben geschlossen werden: denn Erfahrungen in der niedermolekularen Chemie zeigen, daß z. B. Fette, Öle, Terpene oder Alkaloide in der Natur als Gemische ähnlich gebauter, annähernd gleich großer Moleküle vorkommen. Das gut kristallisierte Carotin, ein Kohlenwasserstoff der Zusammensetzung $C_{40}H_{56}$, ist in der Regel ein Gemisch von Isomeren. So muß immer wieder in jedem einzelnen Fall untersucht werden, ob und was für Makromoleküle vorliegen. Ist es dann gelungen, das Molekulargewicht und den Grad etwaiger Polymolekularität festzustellen, so ist damit die genaue Konstitutionsaufklärung noch nicht beendet, da hierzu die Kenntnis aller im Makromolekül vereinigten Gruppierungen und ihrer Bindungsverhältnisse erforderlich ist.

Die synthetischen makromolekularen Stoffe sind heute in großer Anzahl durch Polymerisation (H. Staudinger 1920), Polykondensation (W. H. Carothers 1929) und Polyaddition (O. Bayer 1947) aus ein und demselben oder mehreren verschiedenen Grundmolekülen zugänglich. Da diese Prozesse sich in der mannigfaltigsten Weise variieren lassen, erhält man so die verschiedensten Kunst- und Faserstoffe. Einige davon sind in Tab. 4 genannt. So kennt man hier von vornherein sehr viel mehr verschiedene Verbindungstypen als bei den makromolekularen Naturprodukten, und es steht im Prinzip nichts dagegen, daß nicht auch makromolekulare Nitrokörper, Azo- und Diazoverbindungen usw., die in der Natur nicht vorkommen, sich gewinnen lassen werden wie in der niedermolekularen Chemie.

Die Kenntnis der Konstitution solcher synthetischer Produkte wird dadurch wesentlich erleichtert, daß man ihre Grundmoleküle kennt. Man hat deren Bindungsart in den Makromolekülen zu bestimmen und weiter ihren mittleren Polymerisationsgrad. In günstigen Fällen, bei nicht zu hohem Polymerisationsgrad, lassen sich die Endgruppen von solchen synthetischen Makromolekülen ermitteln, wie z. B. bei den Polyamiden oder Polyestern.

Die kolloiden Lösungen der synthetischen makromolekularen Stoffe sind sämtlich polydispers, d. h. in diesem Fall polymolekular. Diese Polymolekularität (G. V. Schulz 1938) beruht darauf, daß es bei all diesen synthetischen Prozessen unmöglich ist, Makromoleküle einer einheitlichen Größe herzustellen; es entstehen vielmehr dabei immer Gemische von Molekülen gleichen Baues, aber verschiedener Größe (H. STAUDINGER 1926). Haben die so erhaltenen Makromoleküle ein einheitliches Bauprinzip, so handelt es sich um polymereinheitliche Stoffe. Verläuft die Polymerisation aber verschiedenartig, so erhält man polymerisomere Gemische. Über den Anteil größerer und kleinerer Moleküle in diesen Gemischen erhält man durch Fraktionierung derselben ein Urteil (G. V. SCHULZ 1935; G. V. SCHULZ und E. HUSEMANN 1937). Wenn man dann auf Grund der letzteren die Verteilungsfunktion von Polymerhomologen (G. V. SCHULZ 1936) in dem Gemisch bestimmt, so läßt sich ein solches makromolekulares Produkt mit annähernd der gleichen Genauigkeit beschreiben wie ein einheitlicher niedermolekularer Stoff.

b) Allgemeines zur Konstitutionsaufklärung organischer Stoffe

Zur Konstitutionsaufklärung eines niedermolekularen organischen Stoffes wird so vorgegangen, daß derselbe nach seiner Gewinnung in reiner Form der Elementaranalyse unterworfen wird. Auf Grund dieser und ferner der Molekulargewichtsbestimmung wird die Bruttoformel der Verbindung ermittelt; dann wird durch chemische Reaktionen die Bindungsart der Atome im Molekül aufgeklärt und so seine Strukturformel festgestellt. Den Abschluß bildet in vielen Fällen eine übersichtliche Synthese des betreffenden Naturstoffes aus kleinen Molekülen bekannter Konstitution.

Das wesentliche Vorgehen bei dieser Konstitutionsaufklärung besteht also darin, daß man niedermolekulare organische Stoffe entweder durch Verdampfen oder in der Regel durch Lösen in kleinste Teilchen zerlegt und dann nach den bekannten Methoden die Größe dieser Teilchen im Gaszustand oder in Lösung ermittelt. Diese Teilchen sind in der niedermolekularen Chemie in der Regel mit Molekülen identisch, aber in gewissen Fällen können sie auch Doppelmoleküle sein, wie z. B. im Dampf der Essigsäure nahe dem Siedepunkt oder in Lösungen der Fettsäuren, wie der Palmitinsäure in Benzol oder Tetrachlorkohlenstoff. In diesen Fällen ist es in der Regel leicht, durch Überführung in Derivate zu entscheiden, ob die Teilchen Moleküle oder solche Assoziationen sind.

Bei der Konstitutionsaufklärung makromolekularer Verbindungen ist im Prinzip derselbe Weg einzuschlagen; es ist also die Größe und der Aufbau der kleinsten Teilchen zu bestimmen. Bei makromolekularen Verbindungen kommen dabei nur Lösungen in Betracht, denn Makromoleküle im gasförmigen Zustand sind nicht bekannt. Nun können aber makromolekulare Stoffe infolge ihrer Molekülgröße nur kolloide Lösungen liefern. So handelt es sich bei ihnen um die Bestimmung des Aufbaus von Kolloidteilchen. Diese Frage wurde lange Zeit stark diskutiert und verschieden beantwortet.

Als um die Jahrhundertwende durch die Arbeiten von F. KRAFFT (1894) bekannt wurde, daß niedermolekulare Stoffe bekannten Baues, wie die Seifen, in Wasser kolloide Lösungen liefern, nahm man an, daß auch bei anderen organischen Stoffen gleiche Verhältnisse eintreten können und daß beim Kautschuk (C. HARRIES 1919, R. PUMMERER 1927) oder den Polysacchariden (P. KARRER 1920, 1921, 1923, M. BERGMANN 1925/26) kleine Moleküle sich zu größeren, kolloidlöslichen Aggregaten zusammenlagern. In Anlehnung an frühere Vorstellungen des Züricher Botanikers C. NÄGELI (1877) wurden solche Kolloidteilchen als Micellen bezeichnet (P. KARRER 1925). Es war dies im Grunde ein Versuch, die Wernersche Koordinationslehre auch auf dieses noch undurchsichtige Gebiet der organischen Chemie zu übertragen.

Diese erste Micellartheorie wurde später von K. H. MEYER und H. MARK (1928) abgeändert, nachdem hauptsächlich an synthetischen Produkten die Existenz von langen Fadenmolekülen nachgewiesen war. Sie nahmen an, daß die Micellen z. B. der Cellulose aus Bündeln von 40 bis 60 Hauptvalenzketten aufgebaut seien, deren jede 30 bis 50 Glukosereste enthält, die durch starke Micellarkräfte zusammengehalten würden. Ähnliche Vorstellungen wurden für Proteine entwickelt. Tatsächlich ergab sich aber durch Methoden, die später geschildert werden. daß die Kolloidteilchen in vielen dieser Lösungen die Makromoleküle selbst sind.

Bei einer ganzen Reihe von Stoffen, die heute als makromolekular angesprochen werden, so z. B. beim Keratin des Horns oder der Haare, besteht bisher keine Möglichkeit, dieselben ohne chemischen Abbau in Lösung zu bringen. Auf Grund ihrer Eigenschaften nimmt man bei diesen nur im festen Zustand bekannten Stoffen einen Aufbau aus Makromolekülen an; aber das Molekulargewicht derselben läßt sich nicht bestimmen. Dies gilt für alle Fälle, in denen solche „einaggregatige" Stoffe (H. STAUDINGER, R. SIGNER und Mitarbeiter 1929) vorliegen, denen man in der makromolekularen Chemie häufiger begegnet. Allerdings dürfen nicht alle unlöslichen Stoffe ohne weiteres als makromolekular bezeichnet werden; denn es gibt auch relativ niedermolekulare Stoffe, für die noch kein Lösungsmittel gefunden worden ist, in deren Konstitution man aber durch Überführung in lösliche Derivate eindringen konnte, wie z. B. bei den Aminoplasten (H. STAUDINGER und Mitarbeiter 1953).

c) Synthetische Produkte als Modelle der Naturstoffe

Bei Beginn der Konstitutionsaufklärung der makromolekularen Naturstoffe, die auf dem Wege der schrittweisen Synthese nicht erhältlich sind, war es von Bedeutung, daß makromolekulare Verbindungen synthetisch zugänglich waren, welche ähnliche Eigenschaften wie die Naturprodukte aufwiesen. Bei der Untersuchung solcher Modellsubstanzen (vgl. die Zusammenfassung bei H. STAUDINGER 1932) konnten Zusammenhänge zwischen Molekülgröße und chemischen Eigenschaften aufgeklärt werden dadurch, daß man polymerhomologe Reihen herstellte, innerhalb welcher der Übergang von „niedermolekularen" zu „makromolekularen" Eigenschaften verfolgt werden konnte.

Als eines der ersten Beispiele wurden die Polyoxymethylene untersucht. Als es bei diesen 1924 gelang (H. STAUDINGER und M. LÜTHY 1925), durch schrittweisen Abbau mit Essigsäureanhydrid eine polymerhomologe Reihe von Polyoxymethylendiacetaten oder durch Einwirkung von Methylalkohol und Schwefelsäure eine solche von Dimethyläthern herzustellen, war zum erstenmal nachgewiesen, daß in den höchstmolekularen Vertretern dieser polymerhomologen Reihe mindestens 100 Grundmoleküle zu langen Fadenmolekülen verbunden sind. Ein solcher Molekülbau ist ganz analog dem der Cellulose. Hier wie dort liegen lange kettenförmige Makromoleküle vor; daher auch die große Ähnlichkeit der Eigenschaften beider Produkte, besonders im festen Zustand. Dies führte dazu, die Polyoxymethylene als Modell der Cellulose zu bezeichnen und zu benutzen (H. STAUDINGER, H. JOHNER und R. SIGNER, G. MIE und J. HENGSTENBERG 1927).

Diese höhermolekularen Polyoxymethylendiacetate und Polyoxymethylendimethyläther ebenso wie die Polyoxymethylendihydrate bestehen aus einem untrennbaren Gemisch von Polymerhomologen, kristallisieren aber trotzdem (vgl. S. 47).

Die kettenförmigen Makromoleküle der Polyoxymethylene tragen Endgruppen, die man bestimmen kann. Bei den in Natronlauge löslichen Polyoxymethylendihydraten sind es freie Hydroxylgruppen, nach Behandeln mit Essigsäure und Essigsäureanhydrid Acetylgruppen. nach dem Veräthern mit Methylalkohol Methoxylgruppen. Letztere Polyoxymethylendimethyläther unterscheiden sich sehr auffallend von den Dihydraten durch ihre Unlöslichkeit in Natronlauge. Dieser Unterschied beruht darauf, daß die endständige Methoxylgruppe den Abbau der Fadenmoleküle und somit die Löslichkeit in Natronlauge verhindert, während letztere die Polyoxymethylendihydrate an deren freien Hydroxyl-Endgruppen angreifen und unter Abbau lösen kann. Dies gilt für die gesamte polymerhomologe Reihe, obwohl solche Endgruppen mit zunehmender Größe der Moleküle bei den höheren Gliedern der polymerhomologen Reihen nur einen sehr kleinen Teil der Masse des Makromoleküls ausmachen (Formel 1).

Formel 1:

$$\text{HO} - \text{CH}_2 - \text{O} - (\text{CH}_2 - \text{O})_x - \text{CH}_2 - \text{OH}$$

Polyoxymethylendihydrat; leicht durch Alkali abbaubar

$$\text{CH}_3\text{O} - \text{CH}_2 - \text{O} - (\text{CH}_2 - \text{O})_x - \text{CH}_2 - \text{OCH}_3$$

Polyoxymethylendimethyläther; durch Alkali nicht abbaubar

$$x = 10 - 150$$

Das Beispiel der verschiedenen Polyoxymethylene zeigt damit, daß eine kleine Endgruppe, die weniger als 1% des Gesamtmoleküls betragen kann, das chemische Verhalten dieses Makromoleküls sehr wesentlich beeinflußt und es dem Abbau preisgeben oder es davor schützen kann. Dieses Ergebnis ist für die lebende Substanz von Interesse, weil es zeigt, daß z. B. auch bei Proteinen solche Veränderungen am Molekülende oder einer seitenständigen Gruppe ihr Verhalten modifizieren können.

Eine solche, mengenmäßig sehr geringfügige Ursache kann also sehr entscheidende chemische Reaktionen einleiten. für die man früher vor allem

die Katalyse verantwortlich machte. Neben den mannigfaltigen, rein katalytischen Prozessen (A. MITTASCH 1936) ist aber in der makromolekularen
Chemie auch der Einfluß derartiger kleinster Mengen ein wesentlicher Faktor im chemischen Geschehen.

Während Untersuchungen der Polyoxymethylene Aufschluß über kristallisierte makromolekulare Verbindungen ergaben, führte die Untersuchung einer polymerhomologen Reihe von Kohlenwasserstoffen, nämlich
der Polystyrole, zu grundlegenden Erkenntnissen über die Natur der
kolloiden Lösungen und speziell über den Aufbau des Kautschuks, so daß
die Polystyrole als Modell des Kautschuks bezeichnet wurden. (Vgl. die
Zusammenfassung bei H. STAUDINGER 1932, 1933). Beide Kohlenwasserstoffe
weisen die gleichen charakteristischen Eigenschaften auf wie die Bildung
kolloider, hochviskoser Lösungen und Elastizität in bestimmten Temperaturgrenzen, nur ist das Polystyrol im Gegensatz zu dem stark autoxydablen
Kautschuk sehr beständig. Da es ferner synthetisch zugänglich ist und dadurch im Gegensatz zum Kautschuk frei von Beimengungen erhalten werden
kann, so konnte die kolloide Beschaffenheit seiner Lösungen als abhängig
von seinem makromolekularen Aufbau festgestellt werden: denn die Beständigkeit dieses Produktes erlaubte Untersuchungen an solchen Lösungen
bei verschiedener Temperatur und in verschiedenen Lösungsmitteln. Die
Aufklärung der Natur der kolloiden Lösungen makromolekularer Stoffe erfolgte so erstmalig am Beispiel des Polystyrols (H. STAUDINGER und Mitarbeiter 1929).

Das Polystyrol entsteht so wie viele Polymerisate durch eine Kettenreaktion aus dem Monomeren (Formel 2) (H. STAUDINGER und W. FROST 1935.
H. DOSTAL und H. MARK 1935. G. V. SCHULZ 1935. 1937. 1939).

Formel 2:

Polymerisation von Styrol

$$CH = CH_2$$
$$\qquad\qquad \xrightarrow{\text{Primär Akt}}$$
$$C_6H_5$$
1. Styrol

$$- CH - CH_2 -$$
$$\qquad\qquad \xrightarrow{\text{Kettenwachstum}}$$
$$C_6H_5$$
2. Aktiviertes Styrol

$$- CH - CH_2 - \left[CH - CH_2 \right]_x - CH - CH_2 -$$
$$C_6H_5 \qquad\quad C_6H_5 \qquad\quad C_6H_5 \qquad \xrightarrow[\text{Reaktion}]{\text{Abbruch}}$$
3. Makro-Radikal

$$CH_2 - CH_2 - \left[CH - CH_2 \right]_x - C = CH_2$$
$$C_6H_5 \qquad\quad C_6H_5 \qquad\quad C_6H_5$$
4. Makro Molekül

$$x = 10 - 10.000$$

Tabelle 5.

Zusammenhang zwischen physikalischen Eigenschaften und Durchschnittspolymerisationsgrad von polymerhomologen Polystyrolen.

	DP	Aussehen nach dem Umfällen	Aussehen im festen Zustand	Löslichkeit und Quellbarkeit in Benzol	Viskosität 1%iger Lösungen in Benzol	Abweichungen vom Hagen-Poiseuilleschen Gesetz	Technische Verwendung
Nieder-molekulare Produkte	2—10	flüssig oder fest	z. T. kristallisiert, spröde, brüchig	rasch löslich ohne Quellung	niederviskose Sollösungen	keine	
	10—100	pulverig	weniger brüchig, fester	löslich ohne Quellung	niederviskose Sollösungen	keine	für Lacke
Höher-molekulare Produkte	100—500	etwas faserig	zäh, glasig	löslich unter schwacher Quellung	viskose Gellösungen	geringe	für thermoplastische Zwecke, Spritzguß
Makro-molekulare Produkte	500—15.000	langfaserig	sehr zähe Gläser, in der Wärme elastisch	langsam löslich unter starker Quellung	hochviskose Gellösungen	starke	für Folien, Bänder und Fäden

Durch Polymerisation unter verschiedenen Bedingungen wurde eine polymerhomologe Reihe von den niedersten bis zu den höchsten Gliedern hergestellt. An dieser wurde der Einfluß des Polymerisationsgrades auf die Eigenschaften der festen Produkte und ihrer kolloiden Lösungen verfolgt. Dies zeigt Tab. 5.

Wie bei den Endgruppen der Polyoxymethylene, so konnte auch beim Polystyrol ein großer Einfluß kleinster Mengen auf das Verhalten dieser Produkte festgestellt werden. Es zeigte sich, daß geringe Zusätze von Divinylbenzol zu Styrol bei der Polymerisation des letzteren zur Bildung von Brücken zwischen den Kettenmolekülen führen (Formel 3), die ein Unlöslichwerden dieses sonst löslichen Produktes bedingen (H. Staudinger und W. Heuer 1934: H. Staudinger und E. Husemann 1935).

Formel 3:

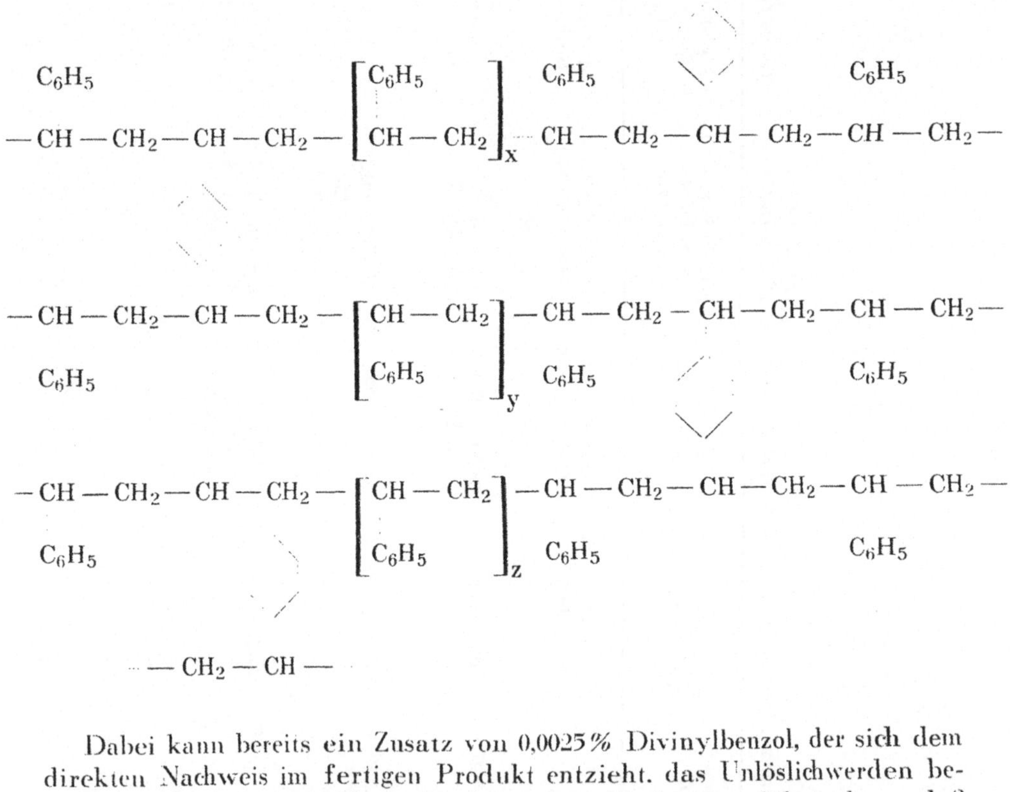

$$C_6H_5 \qquad\qquad \begin{bmatrix} C_6H_5 \\ CH-CH_2 \end{bmatrix}_x \quad C_6H_5 \qquad\qquad C_6H_5$$
$$-CH-CH_2-CH-CH_2-\begin{bmatrix} CH-CH_2 \end{bmatrix}_x \cdots CH-CH_2-CH-CH_2-CH-CH_2-$$

$$-CH-CH_2-CH-CH_2-\begin{bmatrix} CH-CH_2 \\ C_6H_5 \end{bmatrix}_y -CH-CH_2-CH-CH_2-CH-CH_2-$$
$$C_6H_5 \qquad\qquad\qquad C_6H_5 \qquad C_6H_5 \qquad\qquad\qquad C_6H_5$$

$$-CH-CH_2-CH-CH_2-\begin{bmatrix} CH-CH_2 \\ C_6H_5 \end{bmatrix}_z -CH-CH_2-CH-CH_2-CH-CH_2-$$
$$C_6H_5 \qquad\qquad\qquad C_6H_5 \qquad C_6H_5 \qquad\qquad\qquad C_6H_5$$

$$-CH_2-CH-$$

Dabei kann bereits ein Zusatz von 0,0025% Divinylbenzol, der sich dem direkten Nachweis im fertigen Produkt entzieht, das Unlöslichwerden bewirken. Diese Unmöglichkeit des chemischen Nachweises führte dazu, daß man anfangs das lösliche Polystyrol als identisch mit dem unlöslichen ansah und sich ihr verschiedenes Verhalten nicht erklären konnte. Ein solches Polystyrol mit Divinylbenzolbrücken vermag nur noch zu quellen, wobei der Quellungsgrad abhängig von der Menge des anwesenden Divinylbenzols ist, aber eine Lösung kann nicht mehr erfolgen. Solche Erscheinungen sind auch bei anderen Stoffen festgestellt worden (vgl. Abschnitt 4 a).

Wie so manches, früher als kolloid angesehenes Phänomen beruht also auch dieses auf einer chemischen Ursache und zeigt eindringlich die Bedeutung kleinster Mengen für das Verhalten makromolekularer Stoffe. Etwas Derartiges ist bei niedermolekularen Stoffen naturgemäß unmöglich.

Als Modell der Eiweißstoffe und überhaupt heteropolarer Produkte wurde die Polyacrylsäure untersucht. Dabei gilt dieses Modell naturgemäß nur für einen Teil der Eigenschaften der Eiweißkörper, nämlich die sauren. Dies war anfangs insofern ein Vorteil, weil die Kenntnis der Eigenschaften eines heteropolaren Molekülkolloids die Voraussetzung bildet zur Kenntnis der Eigenschaften eines amphoteren wie der Proteine. Als Grundlage für diese Modellversuche wurde der Nachweis geführt (H. STAUDINGER und E. URECH 1929), daß die Bindung der Acrylsäuremoleküle zur polymeren Säure durch normale Co-Valenzen erfolgt (Formel 4).

Formel 4:

$$CH_2 = CH$$
$$|$$
$$COOH$$

Acrylsäure

$$\cdots CH_2 - CH - \left[CH_2 - CH - \right]_x - CH_2 - CH \cdots$$
$$| \qquad\qquad\quad | \qquad\qquad\qquad\qquad |$$
$$HOOC \qquad\quad COOH \qquad\qquad\qquad COOH$$

Polyacrylsäure

$$\cdots CH_2 - CH - \left[CH_2 - CH - \right]_x - CH_2 - CH \cdots$$
$$| \qquad\qquad\quad | \qquad\qquad\qquad\qquad |$$
$$NaOOC \qquad\quad COONa \qquad\qquad\qquad COONa$$

Polyacrylsaures Natrium
(in Wasser löslich)

x: 10—10⁴

Die Eigenschaften der Lösungen dieser makromolekularen Säuren, besonders deren Viskositätserscheinungen, sind analog denen bei Eiweißstoffen, speziell Linearproteinen: z. B. der viskositätssteigernde Einfluß der Natronlauge bei der Überführung von Polyacrylsäure in polyacrylsaures Natron, der durch größere Mengen von Natronlauge bedingte Abfall der Viskosität, der Einfluß von Neutralsalzen, die leichte Koagulation usw. Diese Erscheinungen hängen bei der Polyacrylsäure zum Teil damit zusammen, daß hier in Lösung „verschiedene" Stoffe vorliegen; je nach dem pH, der Konzentration und der Temperatur enthält sie ionisierte, nicht ionisierte oder teilweise ionisierte Moleküle. Je nach der Wechselwirkung zwischen diesen und dem Lösungsmittel ändert sich die Viskosität der Lösungen, obwohl ein und derselbe Stoff mit unveränderter Größe seiner Makromoleküle vorliegt. Letztere läßt sich aber erfassen, wenn durch einen größeren Überschuß von niedermolekularen Elektrolyten die fadenförmigen Ionen der Polyacrylsäure an einer Schwarmbildung, d. h. einer gegenseitigen Festlegung in Lösung verhindert werden. Dann verhalten sich solche Lösungen wie diejenigen homöopolarer Stoffe, und ihre Moleküllänge läßt sich — ebenso wie bei letzteren — durch Viskositätsmessungen ermitteln (H. Staudinger und E. Trommsdorff bei H. Staudinger 1932; W. Kern 1938, 1939).

In neuerer Zeit werden diese Erscheinungen als Gestaltsänderungen solcher Makromoleküle unter dem Einfluß des pH diskutiert (W. Kuhn und Mitarbeiter 1948, 1950, 1951; R. M. Fuoss 1952/53). Danach findet eine Entknäuelung von Fadenmolekülen bei ihrer Aufladung statt. Aus der undissoziierten Polyacrylsäure entsteht ein polyvalentes Ion, dessen geladene Teile sich gegenseitig abstoßen und zu einer Streckung des Fadens führen. Bei einer pH-Änderung erfolgt wieder Kontraktion. Der Vorgang ist reversibel und ist als Modell benutzt worden für die Umwandlung von chemischer in mechanische Energie (W. Kuhn 1938, 1950; W. Kuhn und B. Hargitay 1951; W. Kuhn, O. Künzle und A. Katchalsky 1948; A. Katchalsky 1951, 1954).

d) Naturprodukte

Alle diese im vorstehenden genannten Modellsubstanzen — deren Untersuchung auf Grund ihrer Zugänglichkeit durch Synthese vielfach einfacher war als die der Naturprodukte — eröffneten neue Möglichkeiten zur Untersuchung letzterer. Dies erwies sich als wertvoll, da man dieselben bis jetzt durch einen schrittweisen Aufbau nicht synthetisieren konnte und somit dieser Teil der Konstitutionsermittlung im Sinne der organischen Chemie ausfällt.

Mit der Konstitutionsaufklärung der makromolekularen Naturprodukte beginnt man in der üblichen Weise: mit Elementaranalyse, Erfassung der Grundbausteine durch Spaltung und Untersuchung der Bindungsart der Grundmoleküle. So wurde bei den Proteinen ihr Aufbau aus Aminosäuren unter polypeptidartiger Bindung festgestellt; bei Cellulose sind Glukosereste β-glukosidisch (Formel 5), bei Stärke und Glykogen α-glukosidisch gebunden (W. N. Haworth und Mitarbeiter 1926; K. Freudenberg und Mitarbeiter 1930, 1932, 1936).

Formel 5:

Formel der Cellulose

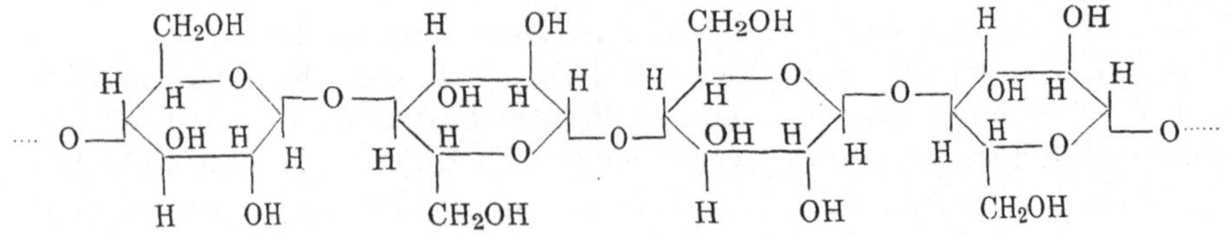

Diese Feststellungen sind aber bei makromolekularen Stoffen erst der Beginn der eigentlichen Konstitutionsaufklärung: denn diese hat die Frage nach der Größe und dem Aufbau ihrer kolloid gelösten Teilchen zu beantworten. Der Beweis für die Identität derselben mit Makromolekülen wird nach den klassischen Methoden der organischen Chemie durch Überführung in polymeranaloge Derivate (H. Staudinger und H. Scholz 1934) durchgeführt, mit anderen Worten: es werden verschiedene Vertreter einer polymerhomologen Reihe in Derivate verwandelt, ohne daß sich der Polymerisationsgrad ändert. Aus diesen Derivaten können bei geeigneter Arbeitsweise die Ausgangsprodukte von gleichem Polymerisationsgrad zurückerhalten werden.

Dies soll an einigen Beispielen erläutert werden: so kann eine Reihe polymerhomologer Glycogene in polymeranaloge Glycogentriacetate übergeführt werden, die nach osmotischen Bestimmungen den gleichen Polymerisationsgrad wie die Glycogene haben; diese Glycogenacetate lassen sich wieder ohne Veränderung des Polymerisationsgrades — natürlich unter entsprechenden vorsichtigen Versuchsbedingungen — zu Glycogenen verseifen (Tab. 6) (H. STAUDINGER und E. HUSEMANN 1937).

Tabelle 6. *Überführung von drei polymerhomologen Glycogenen in polymeranaloge Acetate und Rückverwandlung dieser Acetate in Glycogene.*

Glycogene in Formamid		Glycogenacetate in Chloroform		Glycogene aus Acetaten gewonnen, in Formamid	
$\overline{M}$	$\overline{P}$	$\overline{M}$	P	$\overline{M}$	$\overline{P}$
66.000	407	112.000	390	66.000	407
286.000	1760	483.000	1680	280.000	1730
880.000	5430	1,530.000	5300	910.000	5600

In derselben Weise wurde auch der makromolekulare Bau der Kolloidteilchen des Amylopektins bewiesen (Tab. 7) (H. STAUDINGER und E. HUSEMANN 1937).

Tabelle 7. *Polymeranaloge Umsetzungen an Amylopektinen.*

Amylopektin in Formamid		Triacetat in Aceton		Triacetat in Chloroform		Aus den Triacetaten erhaltenes Amylopektin in Formamid	
$\overline{M}$	$\overline{P}$	$\overline{M}$	$\overline{P}$	$\overline{M}$	$\overline{P}$	$\overline{M}$	$\overline{P}$
30.000	185	54.000	190	53.000	190	30.000	185
62.000	380	112.000	390	110.000	390	—	—
91.000	560	155.000	540	155.000	540	93.000	570
153.000	940	275.000	960	275.000	960	140.000	870*)

*) Bei der Verseifung des höchstmolekularen Produktes ist ein geringer Abbau, wohl durch Autoxydation, erfolgt.

Es sind also bei Makromolekülen die beiden, für alle organischen Verbindungen typischen Eigenschaften vereinigt: Reaktionsfähigkeit an bestimmten Gruppen des Moleküls und Beständigkeit des Radikals, bei Makromolekülen als Makroradikal bezeichnet. Von beiden Eigenschaften gewinnt man bei solchen Umsetzungen an Makromolekülen ein sehr eindrucksvolles Bild; denn z. B. bei einem Glykogen vom Polymerisationsgrad 5000 sind diese 5000 Glukosereste in ganz bestimmter Weise zu einem kugelförmigen Makromolekül gebunden. Es können nun seine 15.000 Hydroxylgruppen verestert werden, ohne daß die Größe und Form des Makroradikals dadurch verändert wird. Ähnlich werden auch bei Überführung von Cellulose in ihre Acetate und Rückverwandlung derselben in ihre Ausgangscellulosen Produkte mit Molekülen genau der gleichen Fadenform erhalten, wie sie ursprünglich war.

Derartige polymeranaloge Umsetzungen an makromolekularen Stoffen, die sowohl bei natürlichen wie synthetischen durchführbar sind, sind in genau gleicher Weise zu formulieren wie bei niedermolekularen Verbindungen. Sie unterscheiden sich von letzteren lediglich dadurch, daß die Makromoleküle die Dimension von Kolloidteilchen besitzen (Formel 6).

Formel 6:

$$(C_{12}H_{14}O_3)(OH)_8 \;\longleftrightarrow\; (C_{12}H_{14}O_3)(OCOCH_3)_8$$

Cellobiose   Cellobioseacetat

$$(C_6H_7O_2)_{500}(OH)_{1502} \;\longleftrightarrow\; (C_6H_7O_2)_{500}(OCOCH_3)_{1502}$$

umgefällte Cellulose   Cellulosetriacetat
vom DP 500   vom DP 500

$$(C_6H_7O_2)_{5000}(OH)_{15000} \;\longleftrightarrow\; (C_6H_7O_2)_{5000}(OCOCH_3)_{15000}$$

Glycogen vom $\bar{P}$ 5000   Glycogentriacetat vom $\bar{P}$ 5000

Infolge der Größe der Makromoleküle müssen andere Methoden zur Bestimmung des Molekulargewichts als bei niedermolekularen Stoffen verwandt werden, um zu prüfen, ob bei den Umsetzungen die Größe des Makroradikals erhalten geblieben ist. Zu beachten ist ferner, daß man es bei der Bearbeitung makromolekularer Stoffe stets mit einem polymolekularen Gemisch zu tun hat, im besten Falle mit einem polymereinheitlichen Gemisch Polymerhomologer. Wie bereits erwähnt, muß dieses durch Ermittlung der Verteilungsfunktion charakterisiert werden. Ferner ist der Nachweis einzelner abweichender Gruppen im Makromolekül mit den üblichen Methoden oft schwierig oder sogar unmöglich, weil diese einen zu kleinen Prozentsatz des Gesamtmoleküls darstellen. Dies gilt besonders beim Vorliegen makropolymerer Verbindungen, also solcher, deren Makromolekül im wesentlichen aus ein und demselben Grundmolekül aufgebaut ist. Nach neueren Untersuchungen (E. Husemann u. G. V. Schulz 1942: G. V. Schulz 1942) besteht z. B. das Fadenmolekül der Cellulose nicht nur aus β-glukosidisch aneinandergereihten Glukoseresten, sondern es sind in der Cellulosekette in einem Abstand von ca. 500 Glukoseresten andere Gruppierungen enthalten, die dadurch charakteristisch sind, daß sie sich schneller spalten lassen als die der übrigen Kette. Weiter sind die Makromoleküle des Amylopektins und des Glycogens verzweigt (H. Staudinger u. E. Husemann 1937), und die etwas andersartigen Gruppierungen an den Verzweigungsstellen können z. B. durch enzymatischen Abbau festgestellt

Tabelle 8.

Zusammenhang zwischen physikalischen Eigenschaften und Durchschnittspolymerisationsgrad von polymerhomologen Cellulosen

	DP	Aussehen	Festigkeit und Filmbildungs-vermögen	Löslichkeit und Quell-barkeit in Schweizers Reagens	Viskosität 1%iger Lösungen in Schweizers Reagens	Abweichungen vom Hagen-Poiseuilleschen Gesetz
Native Cellulosen	3000—500	langfaserig	sehr fest und zäh, Faser- und Film-bildungsvermögen sehr groß	unter starker Quellung langsam löslich	sehr hochviskose Gellösungen	starke
Umgefällte Cellulosen (Kunstseiden, Folien)	500—100	faserig	fest, Faser- und Filmbildungsver-mögen vorhanden*)	unter Quellung löslich	viskose Gellösungen	geringe
Abgebaute Cellulosen	100—10	pulverig	wenig fest, kein Faser- und Film-bildungsvermögen	löslich unter Quellung	etwas viskose Sollösungen	keine
Oligosaccharide	10—1	pulverig	verreibbar, kein Faser- und Film-bildungsvermögen	rasch löslich ohne Quellung	niederviskose Sollösungen	keine

*) Cellulosen bis zu einem DP 200 zeigen noch kein ausgesprochenes Faserbildungsvermögen.

werden (K. Freudenberg und Mitarbeiter 1936, K. H. Meyer 1940, K. Myrbäck 1937, 1943).

Die Änderungen der physikalischen Eigenschaften makromolekularer Naturstoffe im festen Zustand und in ihren kolloiden Lösungen können z. B. bei Polysacchariden oder beim Kautschuk durch Untersuchung von polymerhomologen Reihen verfolgt werden, die man bei Naturprodukten durch ihren Abbau erzielt. Das Beispiel der Cellulose (Tab. 8) zeigt, daß sich ihre Eigenschaften mit zunehmendem Polymerisationsgrad ebenso in gesetzmäßiger Weise ändern, wie dies bei synthetischen Produkten der Fall ist (vgl. Polystyrol, Tab. 5).

Gerade an Hand von Beobachtungen an solchen polymerhomologen Reihen zeigt sich besonders deutlich das gesetzmäßige „Herauswachsen" makromolekularer Verbindungen mit ihren charakteristischen Eigenschaften aus Vertretern der niedermolekularen Stoffe.

Bei Proteinen sind dagegen solche polymerhomologe Reihen nur in wenigen Fällen bekannt, denn ihre Herstellung ist nicht so einfach wie die von Kautschuken oder Cellulosen. Wohl aber hat die Proteinchemie in letzter Zeit wesentliche Fortschritte erzielt mit Hilfe der neu entwickelten Methoden der Konstitutionsaufklärung wie z. B. die enzymatischen Spaltungen und die Identifizierung der Spaltstücke mit Hilfe der chromatographischen Methoden (R. Consden, A. H. Gordon u. A. J. P. Martin 1947). Diese Methoden sind hier deshalb so erfolgreich, weil die Makromoleküle der Proteine und auch der Nucleinsäuren aus verschiedenen Grundmolekülen: Aminosäureresten bzw. Mononucleotiden, bestehen, während die Makromoleküle, z. B. der Polysaccharide oder verschiedener synthetischer Produkte, wie der Polyoxymethylene, Polystyrole, Polyvinylchloride, die überwiegend aus ein und demselben Grundmolekül aufgebaut werden, viel weniger verschiedene Angriffsstellen bieten bei Anwendung obiger Untersuchungsmethoden.

So sind gerade bei der Konstitutionsaufklärung der so kompliziert gebauten Proteine wesentliche Fortschritte erreicht worden (vgl. hiezu J. T. Edsall 1954): man kennt z. B. heute durch die Arbeiten von F. Sanger (1952) die Anordnung der Aminosäurereste im Makromolekül des Insulins, so daß hier die Konstitution eines makromolekularen Naturstoffes mit fast der gleichen Genauigkeit bekannt ist, wie die eines niedermolekularen Naturstoffes.

3. Makromoleküle als Molekülkolloide

a) Kolloide Lösungen

Bekanntlich hat Wo. Ostwald (1907, 1927; vgl. auch P. P. von Weimarn 1907, 1925) darauf hingewiesen, daß jeder Stoff bei geeigneter Dispergierung und bei geeignetem Dispersionsmittel in einen kolloiden Zustand übergeführt werden kann, und zwar unterschied er zwischen den groben, kolloiden und niedermolekularen Dispersionen je nach dem Durchmesser der Teilchen. Dabei sollten kolloide Dispersionen einen Teilchendurchmeser von 1 mμ bis 0,1 μ besitzen.

Diese Einteilung stimmt nur beim Vorliegen von kugelförmigen Teilchen. Sie ist daher für organische Stoffe unbrauchbar, da bei diesen oft langgestreckte Teilchen vorliegen. Darum ist es zweckmäßiger, Dispersionen in der organischen Chemie nach der Zahl der Atome einzuteilen, die ein diskretes Teilchen enthält (H. STAUDINGER 1929 a, 1931, 1934, 1935, 1950).

Bei niedermolekularen Dispersionen enthält das Teilchen 2 bis 10^3 Atome; es sind in der Regel Moleküle. Wenn in Ausnahmefällen Assoziationen von Molekülen vorliegen, so ist dies leicht zu erkennen. Liegen sehr große Teilchen organischer Verbindungen vor mit mehr als 10^9 Atomen, so werden diese in der Regel grobe Dispersionen sein, bei denen die Teilchen mikroskopisch sichtbar sind. Die eigentlichen organischen Kolloide haben eine Zwischendimension und enthalten etwa 10^3 bis 10^9 Atome. Teilchen dieser Größe können mikroskopisch nicht aufgelöst werden und dialysieren nicht.

Kolloide Lösungen organischer Verbindungen — nur diese sollen im folgenden behandelt werden — lassen sich auf ganz verschiedene Weise herstellen und können zum Unterschied von den Teilchen niedermolekularer Dispersionen ganz verschieden aufgebaut sein, so daß es notwendig ist, darauf näher einzugehen. Einmal können sämtliche niedermolekulare und makromolekulare Stoffe bei geeigneter Dispergierung zu Teilchen kolloider Größe zerteilt werden; als Dispersionsmittel kann dabei nur eine solche Flüssigkeit verwandt werden, in der sich die betreffende Substanz nicht löst: so lassen sich z. B. feste Kohlenwasserstoffe, wie höhermolekulare feste Paraffine, bei Gegenwart von Emulgatoren in Wasser kolloid verteilen. Praktisch wichtig davon sind vor allem die kolloiden Verteilungen von Ölen und flüssigen Fetten in Wasser bei Gegenwart von Emulgatoren. Solche kolloide Systeme werden als Emulsoide resp. Suspensoide bezeichnet. Diese Gruppe von Kolloiden ist die der lyophoben Kolloide; sie sind nur in Gegenwart eines Schutzkolloids existenzfähig und sind niederviskos, da ihre Teilchen annähernd kugelförmig sind.

Eine zweite Gruppe von kolloiden Lösungen bildet sich durch direkte Lösung von organischen Substanzen in geeigneten Lösungsmitteln. So bilden — wie seit den Arbeiten von F. KRAFFT (1894) bekannt ist — die Alkalisalze höhermolekularer Fettsäuren, die Seifen, mit Wasser kolloide Lösungen. Sie gehen dabei unter Quellung in Lösung; die Viskosität dieser kolloiden Lösungen ist hoch und zudem sehr veränderlich: bei Temperaturerhöhung wird sie verringert und durch Zusatz von Elektrolyten stark beeinflußt. Ihre Kolloidteilchen bilden sich in der Weise, daß sich zahlreiche Moleküle der Fettsäuren längsseits aneinanderlagern. Dadurch entstehen langgestreckte Teilchen, die als Micellen bezeichnet worden sind und eine beträchtliche Größe haben können. Im Gegensatz zur ersten

Gruppe sind dies lyophile Kolloide. Über den Aufbau dieser Seifenmicellen gibt Abb. 1 Aufschluß.

Die dritte Gruppe ist die der Molekülkolloide (H. Staudingér 1924, A. Lumière 1925). Sie sind ebenfalls lyophile Kolloide und entstehen durch Auflösung makromolekularer Substanzen. Wie bereits erwähnt, sind diese Lösungen deshalb kolloid, weil die Makromoleküle infolge ihrer Größe nur als Teilchen kolloider Dimensionen in Lösung zu gehen vermögen. Lösliche Makromoleküle sind also Kolloidmoleküle. Früher hat man Micellkolloide und Molekülkolloide vielfach nicht unterschieden, da beides lyophile Kolloide sind. Der Nachweis der Identität von Kolloidteilchen mit Makromolekülen ist in Abschnitt 2 geschildert.

In früherer Zeit hatte man Bedenken gegen die Annahme einer Existenz von Makromolekülen, da manche Erfahrungen in der niedermolekularen Chemie dafür sprachen, daß Stoffe mit wachsender Molekülgröße immer schwerer löslich werden, wie dies bei normalen Paraffinen und Paraffinderivaten der Fall ist. Tatsächlich können auch sehr hochmolekulare Verbindungen in Lösung gehen, denn die Löslichkeit wird durch die Gestalt der Makromoleküle und ihre Substitution stark beeinflußt. So sind z. B. die sehr hochmolekularen Paraffine sehr schwer löslich, dagegen löst sich Kautschuk leicht in organischen Lösungsmitteln auf infolge

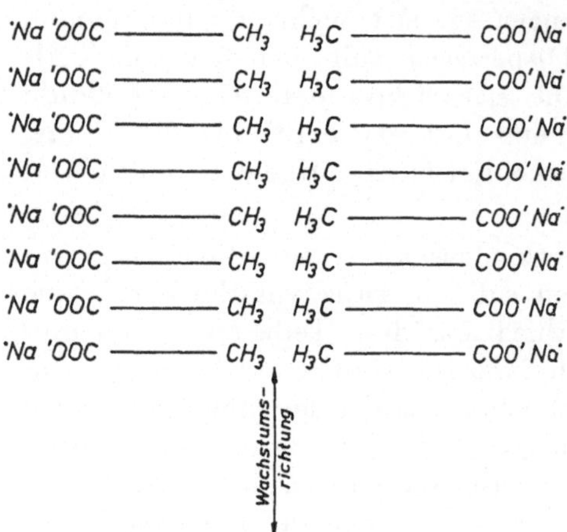

Abb. 1. Aufbau einer Seifenmicelle.

seiner Methylseitenketten (H. Staudinger u. E. O. Leupold 1932). Den Einfluß der Molekülgestalt auf die Löslichkeit erkennt man bei einem Vergleich der Löslichkeit der hochmolekularen Paraffine, Polyäthylene und Polyäthylenoxyde, denn sehr hochmolekulare Vertreter der letzteren sind im Gegensatz zu ersteren infolge der Mäanderform der Ketten leicht löslich:

a)

Paraffinkette $(CH_2)_x$, $x > 200$, sehr schwer löslich

b)

Polyoxymethylenkette $(CH_2O)_x$, $x > 100$, sehr schwer löslich

c)

Langgestreckte Form der Polyäthylenoxydkette $(C_2H_4O)_x$, sollte bei $x > 100$ sehr schwer löslich sein

d)

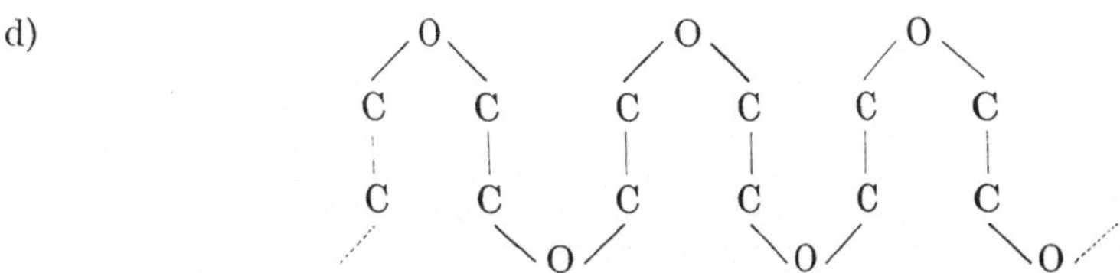

Mäanderform der Polyäthylenoxydkette $(C_2H_4O)x$, ist bei $x > 1000$ noch leicht löslich

Den Einfluß zwischenmolekularer Kräfte auf die Löslichkeit ersieht man bei den Polyamiden, die infolge der starken Wasserstoffbrückenbindung der NH-Gruppe schwer löslich sind im Vergleich zu Polyestern gleicher Kettenlänge.

Ihrer Beschaffenheit nach sind also folgende Gruppen kolloider Lösungen organischer Stoffe zu unterscheiden:

Tabelle 9. *Einteilung der kolloiden Lösungen organischer Stoffe.*

	Verhalten gegen Dispersionsmittel	Elektrische Ladung der Teilchen	Viskosität der Lösungen	Beispiel
I. Dispersoidkolloide				
a) Suspensoide	lyophob	geladen	nieder-viskos	Hartparaffin in Wasser
b) Emulsoide	lyophob	geladen	nieder-viskos	Öle in Wasser
II. Micellkolloide (gebildet aus Zusammenlagerung kleiner Moleküle)	lyophil	meist geladen	hochviskos	Seifen in Wasser
III. Molekülkolloide (Lösungen von makromolekularen Stoffen)	lyophil	geladen oder ungeladen	niederviskos: Sphärokolloide / hochviskos: Linearkolloide	Glycogene, Proteine / Cellulose, Proteine

Die Auflösung von makromolekularen Stoffen kann auch so erfolgen, daß die Zerteilung nicht bis zu den Makromolekülen eintritt, sondern daß die Kolloidteilchen in Lösung Assoziationen oder Aggregationen von Makromolekülen sind. Solche Fälle werden bei den Proteinen beobachtet; eine ganze Reihe derselben liefert z. B. in Wasser höhere Teilchengewichte als in Harnstofflösung, denn durch die starken Dipolkräfte des Harnstoffs werden Dissoziationen von größeren Proteinteilchen in Proteinmoleküle bewirkt (Tab. 10) (E. J. COHN u. J. T. EDSALL 1943).

Aber auch einfache makromolekulare Stoffe, wie z. B. das Polyvinylchlorid, geben in schlechten Lösungsmitteln kolloide Teilchen, die nicht mit Makromolekülen identisch sind, sondern Assoziationen darstellen. Dies erkennt man daran, daß beim Erwärmen solche lockere Assoziationen leicht zerfallen. Das Teilchengewicht eines Polyvinylchlorids beträgt z. B. in

Tabelle 10.
Auflösung von Proteinen in wäßrigen Salzlösungen und Harnstofflösungen.

Protein	Teilchengewicht in wäßrigen Salzlösungen	Teilchengewicht in wäßrigen Harnstofflösungen
Eieralbumin	40.000—46.000	34.000
Pepsin	36.000	36.000
Zein	39.000	37.000
Gliadin	41.000	44.000
Serumalbumin	73.000	73.000
Serumglobulin	174.000	173.000
Hämoglobin (Pferd)	67.000	34.300
Amandin	206.000	30.000
Myosin	1,000.000	100.000
Edestin ⎱ . . . . Exelsin ⎰	zwischen 200.000 und 300.000	zwischen 30.000 und 50.000

Dioxanlösung bei 14⁰ 200.000, bei 77⁰ 68.500. Da letzteres Teilchengewicht auch in guten Lösungsmitteln gefunden wurde, so ist diese Größe als das Molekulargewicht anzusprechen, während die größeren Teilchengewichte solche von Assoziaten sind (P. Doty, H. Wagner, S. Singer 1947).

b) Die Größe der Makromoleküle

Wie im Abschnitt 1 geschildert, ist durch die große Bindefähigkeit des Kohlenstoffs — die ihn vor allen anderen Elementen auszeichnet — die Existenz auch von sehr großen Molekülen, den Makromolekülen, ermöglicht. Diese Möglichkeit bildet ihrerseits eine Voraussetzung dafür, daß die an die Substanz des Lebendigen gestellten hohen Ansprüche seitens der Chemie befriedigt werden können.

Als untere Grenze makromolekularer Dimensionen ist ein Gehalt an 1500 Atomen bezeichnet worden, weil von dieser Größe an verschiedene neue Eigenschaften der Moleküle sich bemerkbar machen, die bei kleineren organischen Molekülen nicht auftreten. Eine obere Grenze der Größe von Makromolekülen kann nicht angegeben werden, weil makromolekulare Stoffe vielfach nur im festen Zustand bekannt sind. Aussagen über Molekülgrößen sind aber nur dort möglich, wo die Moleküle isoliert, d. h. gelöst bzw. im Gaszustand vorliegen. Für makromolekulare Stoffe kommt dabei nur Lösung in Frage, da sie nicht unzersetzt verdampft werden können.

Die von Makromolekülen erreichten Dimensionen führen, wie gesagt, bei den löslichen Produkten dazu, daß sie sich gar nicht anders als kolloid zu lösen vermögen. Damit hat die Bestimmung der Größe solcher Kolloidteilchen dieselbe Bedeutung zur Erforschung dieser Stoffe erlangt wie die Molekulargewichtsbestimmung bei niedermolekularen Stoffen.

Die meisten in der niedermolekularen Chemie verwandten Methoden sind bei solchen Molekulargewichtsbestimmungen an makromolekularen Stoffen nur bedingt oder gar nicht brauchbar. Sie mußten also — soweit möglich — umgestaltet oder ausgebaut und weiter neue Methoden ausgearbeitet werden. Denn bei Molekulargewichtsbestimmungen von makromolekularen Stoffen spielen außer ihrer Molekülgröße noch zwei weitere Faktoren eine Rolle, die man bei niedermolekularen Stoffen nicht vorfindet bzw. vernachlässigen kann: es ist dies einmal die bereits mehrfach erwähnte Polymolekularität (G. V. Schulz 1938), zum zweiten die Gestalt der Makromoleküle (H. Staudinger 1929 b).

Die Polymolekularität bewirkt, daß man bei Molekulargewichtsbestimmungen verschiedene Werte nach verschiedenen Methoden erhält. Die eine Gruppe von Methoden bestimmt die Effekte, die von der Zahl der gelösten Moleküle herrühren. In einem polymolekularen Gemisch kann daher ein prozentual geringer Gehalt kleiner Moleküle relativ große Effekte hervorrufen, weil die Zahl der kleinen Moleküle groß ist gegenüber der Zahl der größeren. Man erhält bei derartigen Bestimmungen, zu denen z. B. die kryoskopische, die osmotische und die chemische Endgruppen-Methode gehören, einen Durchschnittswert, der von W. D. Lansing und E. O. Kraemer (1935) als Zahlendurchschnitt des Molekulargewichts und von G. V. Schulz (1935, 1936) als das mittlere Molekulargewicht bezeichnet worden ist. Dieser Wert zeigt das mittlere Molekulargewicht aller in Lösung befindlichen Moleküle an.

Andere Methoden der Molekulargewichtsbestimmung benutzen nicht die Zahl der in Lösung befindlichen Teilchen, sondern eine Eigenschaft derselben, die sich proportional oder funktionell ihrem Molekulargewicht ändert. So geben in der Ultrazentrifuge schwerere Moleküle größere Effekte als gleichzeitig anwesende kleinere leichtere. Auf die Viskosität einer Lösung von einem Gemisch polymerhomologer linearmakromolekularer Stoffe haben längere Moleküle einen stärkeren Einfluß als kürzere, und da gerade die Messungen der Viskosität bei Lösungen dieser Stoffe viel benutzt werden, so kann bei polymolekularen Gemischen der durch Viskositätsuntersuchungen erhaltene Wert von dem mittleren Molekulargewicht erheblich abweichen. Man erhält also andere Durchschnittswerte für das Molekulargewicht bei der Bestimmung desselben mit Hilfe der Ultrazentrifuge oder der Viskosität als mit Hilfe einer Methode, die die Teilchen zählt. Die Molekulargewichte, bei denen das Gewicht der Teilchen den Ausschlag gibt, werden als Gewichtsdurchschnitt des Molekulargewichts bezeichnet (W. D. Lansing u. E. O. Kraemer 1935).

So wird die Bestimmung des Molekulargewichts bei makromolekularen Stoffen gegenüber derjenigen bei niedermolekularen Verbindungen eine komplizierte Aufgabe (vgl. dazu G. V. Schulz 1952). Bei niedermolekularen Produkten stellt diese Bestimmung lediglich eine Kontrolle der Konstitutionsaufklärung der betreffenden Verbindung dar. So ergibt sich für eines der größten, durch schrittweise Synthese erhaltenen Moleküle, Hepta-(tribenzoyl-galloyl-)-Jodphenyl-maltosazon $C_{220}H_{142}O_{58}N_8J_2$, auf Grund eben dieser Synthese als Summe der Atomgewichte ein Molekulargewicht von 4021 (E. Fischer u. K. Freudenberg 1913). Die kryoskopische Bestimmung des Molekulargewichts lieferte dagegen die Werte 3737, 3278, 3493. Abweichungen, die nicht berücksichtigt werden. Bei makromolekularen Verbindungen ist infolge der Unmöglichkeit einer solchen schrittweisen Synthese eine derart präzise Angabe der Summe der Atomgewichte in einem Makromolekül nicht zu machen. Zur Charakterisierung von makromolekularen Produkten, z. B. zum Verständnis der Eigenschaften der Molekülkolloide, genügt aber in der Regel die Kenntnis ihres Durchschnittsmolekulargewichts, wobei vielfach nicht zwischen den beiden obigen Bezeichnungsweisen desselben unterschieden wird.

Der weitere Faktor, der bei der Molekulargewichtsbestimmung makromolekularer Stoffe großen Einfluß auf dieselbe hat, ist die Gestalt der Makromoleküle. Dies ist ohne weiteres einzusehen, wenn man sich überlegt, daß zum Aufbau sehr großer Moleküle eine beträchtliche Anzahl von Bausteinen benötigt wird, die in ganz verschiedener Weise angeordnet werden können. Ein klassisches Beispiel hierfür geben die Polysaccharide Cellulose, Stärke und Glycogen. Deren Baustein ist bekanntlich der Glukoserest, der einmal in α-glukosidischer, einmal in β-glukosidischer Bindung zum Aufbau der Makromoleküle dieser Polysaccharide verwandt wird. Bei einem Glycogenmakromolekül werden einige Tausend davon in allen drei Dimensionen zusammengefügt, so daß zuletzt ein kugelförmiges Makromolekül resultiert. Im Makromolekül der Cellulose werden sie linear aneinandergereiht, so daß ein extrem geformtes, bei einem Polymerisationsgrad von 3000 ca. 1,5 μ Länge messendes Makromolekül resultiert. Das langgestreckte Makromolekül des Amylopektins trägt Verzweigungen und nimmt eine Mittelstellung zwischen den beiden erstgenannten Stoffen ein (H. Staudinger u. E. Husemann 1937; H. Staudinger 1937).

Die folgenden Ausführungen sollen darlegen, wie sich solche Dimensionen gelöster Teilchen auf die Eigenschaften ihrer Lösungen bei der Bestimmung des Molekulargewichts auswirken.

c) Die einzelnen Methoden zur Bestimmung des Molekulargewichts makromolekularer Stoffe

Das Molekulargewicht von makromolekularen Stoffen läßt sich nach verschiedenen physikalischen Methoden bestimmen. Es läßt sich ferner auch nach einer chemischen Methode ermitteln durch Erfassung einer charakteristischen Gruppe oder eines Atoms in dem Makromolekül. Diese letztere chemische Methode erlaubt Aussagen über den Bau des Moleküls, wenn es gelingt, eine charakteristische Endgruppe zu bestimmen. So kann bei der Cellulose die endständige Gruppe bestimmt werden, z. B. dadurch, daß ihre freie Aldehydgruppe in eine Carboxylgruppe verwandelt wird, die sich dann chemisch erfassen läßt. Nach dem Methylieren der Cellulose liefert beim Spalten mit Säuren die eine Endgruppe Tetramethylglukose, während aus den übrigen Glukoseresten Trimethylglukose resultiert. Da sich beide methylierte Glukosen voneinander abtrennen lassen, so kann man auch hier schätzungsweise den Polymerisationsgrad der Cellulose ermitteln (W. N. Haworth u. H. Machemer 1932). Falls nach einer Endgruppenbestimmung das Molekulargewicht in gleicher Höhe gefunden wird wie nach einer der physikalischen Methoden, dann ist damit das Vorliegen eines unverzweigten Fadenmoleküls, z. B. bei der Cellulose, bewiesen. Allerdings ist diese Methode mit Vorsicht anzuwenden: so kam z. B. W. N. Haworth (W. N. Haworth und Mitarbeiter 1932; D. K. Baird, W. N. Haworth, E. L. Hirst 1935) bei Übertragung der genannten Endgruppenbestimmungsmethode auf Glycogen und Stärke zu unrichtigen Aussagen über die Länge ihrer Moleküle, und zwar zu der Annahme, daß diese Polysaccharide relativ kleine Moleküle besitzen. Die Makromoleküle dieser beiden Stoffe sind aber verzweigt und enthalten deshalb zahlreiche Endgruppen. Erst durch die früher geschilderten polymeranalogen Umwandlungen (vgl. S. 17) wurde bewiesen, daß die Kolloidteilchen in Lösungen keine Assoziationen sind, wie dies Haworth früher annahm, sondern die Makromoleküle selbst, woraus sich die Schlußfolgerung auf eine starke Verzweigung ergab (H. Staudinger u. E. Husemann 1937). Diese Endgruppenmethode wird heute auch bei Proteinen, z. B. beim Insulin, angewandt und kann in Verbindung mit anderen Methoden Aussagen über das Molekulargewicht geben. Sie hat natürlich nur beschränkte Bedeutung, denn mit wachsendem Molekulargewicht ist der Anteil der Endgruppen am Gesamtmolekül so gering, daß ihre Erfassung erschwert wird und schließlich bei Makromolekülen mit einem Molekulargewicht über 100.000 praktisch unmöglich ist, so daß gerade in dem für die makromolekulare Chemie interessanten Gebiet die Endgruppenmethode versagt, während sie in der niedermolekularen Chemie bekanntlich eine sehr große Rolle spielt (H. Batzer 1950).

Die in der niedermolekularen Chemie üblichen Methoden zur Ermittlung des Molekulargewichts auf physikalischem Wege, die kryoskopische und die ebullioskopische Methode, haben in der makromolekularen Chemie kaum Bedeutung. Denn bei makromolekularen Verbindungen, also organischen Verbindungen mit einem Molekulargewicht über 10.000, sind die Gefrierpunktsdepressionen oder die Siedepunktserhöhungen von verdünnten Lösungen so gering, daß bei Bestimmung des Molekulargewichts mit sehr erheblichen Fehlergrenzen zu rechnen ist: so beträgt die Gefrierpunktsdepression einer Lösung eines Proteins vom Molekulargewicht 100.000, in der 10 g Substanz in einem Liter gelöst ist, nur 0,00018°. Abgesehen davon treten vielfach bei Molekulargewichtsbestimmungen von makromolekularen Stoffen nach dieser Methode Unregelmäßigkeiten auf, die früher zu irrigen Schlüssen über die Höhe des Molekulargewichts geführt haben, so z. B. über das der Stärke und der Cellulose; denn beim Lösen der Acetate dieser beiden Polysaccharide in Phenol resp. Eisessig ergeben sich abnorm große Gefrierpunktsdepressionen, die früher zu der Annahme eines niederen Molekulargewichts dieser Polysaccharide führten. Die Molekulargewichtsbestimmungen nach dieser Methode können nur als zuverlässig anerkannt werden, wenn sie mit dem Ergebnis einer anderen Methode, z. B. der Endgruppenmethode, in Übereinstimmung stehen.

Die häufigst angewandte Methode zur Bestimmung des Molekulargewichts makromolekularer Stoffe ist die osmotische Methode; denn diese ist gerade in dem für die makromolekulare Chemie wichtigen Gebiet bei Molekulargewichten von ca. 20.000 bis nahezu 1 Million anwendbar und läßt sich in geeigneten Osmometern relativ rasch durchführen. Wegen der Konstruktion dieser Osmometer — über die neuerdings sehr viel gearbeitet wird — muß auf die einschlägige Literatur verwiesen werden (vgl. z. B. G. V. Schulz in H. A. Stuart 1953; daselbst weitere Literatur). Bei sphäromakromolekularen Stoffen, wie dem Glycogen, läßt sich nach dieser Methode das Molekulargewicht auch bis zu den höchstmolekularen Vertretern leicht bestimmen, da bei diesen das van't Hoffsche Gesetz gilt, mit anderen Worten: das Molekulargewicht proportional mit der Konzentration ansteigt. Dies wurde z. B. bei Glycogenlösungen festgestellt (H. Staudinger u. E. Husemann 1937), ferner beim Eieralbumin (Sörensen 1919) (Tab. 11).

Bei der Bestimmung des osmotischen Drucks linearmakromolekularer Stoffe ergeben sich auffallende Abweichungen, die darin bestehen, daß die p/c-Werte nicht wie bei Lösungen sphäromakromolekularer Stoffe konstant sind, sondern mit wachsender Konzentration stark zunehmen, wie Tabelle 12 zeigt:

Tabelle 11. *Osmotische Drucke von Eieralbumin nach Sörensen.*

$M = 70\,000.$

c im g/Liter	$p \cdot 10^2$	$\dfrac{p}{c} \cdot 10^4$
52,8	2,02	3,84
111,7	3,9	3,49
173,8	5,95	3,42
238,5	8,22	3,45

Tabelle 12. *Osmotische Werte eines Cellulosenitrats vom Molekulargewicht 178.000 in Aceton bei 27°.*

$\lim p/c = 0{,}14 \cdot 10^{-3}; \; M = 178.000.$

c	$p \cdot 10^3$	$\dfrac{p}{c} \cdot 10^3$	$\dfrac{R.T.c}{p}$
2,5	0,55	0,22	112.000
5,0	1,44	0,29	85.000
7,5	2,5	$0{,}33_5$	73.500
10,0	3,9	0,39	63.000
19,8	12,2	$0{,}61_5$	40.000

Hier treten also in höherkonzentrierten Lösungen Störungen ein, die mit der langgestreckten Gestalt der Fadenmoleküle zusammenhängen, und zwar damit, daß in konzentrierten Lösungen die Fadenmoleküle nicht frei beweglich sind. Zur Ermittlung des Molekulargewichts aus diesen osmotischen Bestimmungen extrapoliert man deshalb graphisch auf die Konzentration 0 und legt den lim p/c-Wert der Berechnung des Molekulargewichts zugrunde. Daß dieses Verfahren erlaubt ist, zeigt sich aus dem Ergebnis, daß in verschiedenen Lösungsmitteln die lim p/c-Werte die gleiche Höhe haben, obwohl der Anstieg der p/c-Werte mit wachsender Konzentration von Lösungsmittel zu Lösungsmittel sich unterscheidet, und zwar ist dieser Anstieg in guten, also stark solvatisierenden Lösungsmitteln größer als in schlechten Lösungsmitteln (A. DOBRY 1935, 1937). Die graphische Darstellung Abb. 2 zeigt die Änderung der p/c-Werte eines Cellulosenitrats in verschiedenen Lösungsmitteln.

Dieses Gebiet ist in neuerer Zeit eingehend theoretisch behandelt (vgl. z. B. A. MÜNSTER, G. V. SCHULZ in H. A. STUART 1953).

Weitere Methoden zur Molekulargewichtsbestimmung von makromolekularen Stoffen sind die mit der Ultrazentrifuge ermittelten Sedimentationsgeschwindigkeiten und Sedimentationsgleichgewichte, aus deren Werten sich das Molekulargewicht errechnen läßt (vgl. THE SVEDBERG u. K. O. PEDERSEN 1940). Nach dieser Methode hatten THE SVEDBERG und seine Mitarbeiter das Teilchengewicht von zahlreichen Sphäroproteinen ermittelt mit dem Ergebnis, daß diese in vielen Fällen monodispers sind (THE SVEDBERG und Mitarbeiter 1926). Bei linearmakromolekularen Stoffen ergeben sich wieder infolge des großen Wirkungsbereiches der gelösten Fadenmoleküle Abweichungen, die aber heute durch neuere

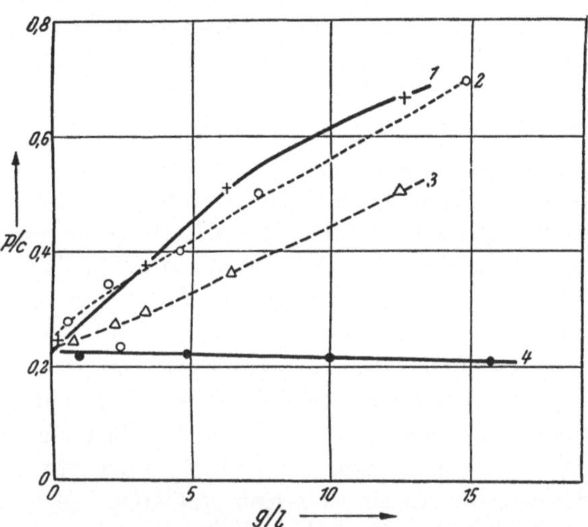

Abb. 2. Änderungen der p/c-Werte der Lösungen von einem Cellulosenitrat vom $\overline{M}$ 111.000 mit der Konzentration. Lösungsmittel: 1. Benzoesäureäthylester + 11 Prozent Alkohol. 2. Aceton. 3. Methylalkohol. 4. Nitrobenzol.

Arbeiten eine Deutung finden und zur Bestimmung des Achsenverhältnisses gestreckter Teilchen aus Messungen der Sedimentation derselben in der Ultrazentrifuge führen (R. SIGNER u. H. GROSS 1934; A. POLSON 1939; G. SCHRAMM 1947; vgl. die Zusammenfassung von J. HENGSTENBERG in H. A. STUART 1953). Diese ultrazentrifugale Methode erlaubt Molekulargewichtsbestimmungen von relativ kleinen Teilchen bis zu solchen von vielen Millionen.

Eine Methode, die ebenfalls vor allem bei größeren Teilchen zur Messung ihrer Dimensionen mit Erfolg benutzt werden kann, ist die Messung der Lichtzerstreuung an kolloiden Lösungen, d. h. der Intensität des von einer Lösung seitlich gestreuten Lichtes (Tyndall-Effekt). Durch genaue Vermessung der Wellenlängen- und Winkelabhängigkeit des Streulichts erhält man Aufschluß über die räumlichen Abmessungen der gelösten Teilchen. Die Untersuchung der Konzentrationsabhängigkeit liefert Angaben über die Wechselwirkung mit dem Lösungsmittel und Assoziationszustände. Sie wurde zuerst an Sphäroproteinen verwandt (P. PUTZEYS u. J. BROSTEAUX 1935),

weiter an den sphäromakromolekularen Glycogenen zur Molekulargewichtsbestimmung benutzt (Hj. Staudinger und Mitarbeiter 1943; G. V. Schulz
1944) und in neuerer Zeit bei linearmakromolekularen Stoffen (vgl. G. V.
Schulz u. G. Harborth 1948; ferner die Darstellung bei H. Staudinger 1950:
A. Peterlin in H. A. Stuart 1953; Ch. Sadron 1954).

Eine besonders einfache Methode zur Bestimmung des Molekulargewichts makromolekularer Stoffe gründet sich auf die Messung der Viskosität
ihrer Lösungen. Diese steht bei linearmakromolekularen Stoffen in Beziehung mit der Kettenlänge resp. dem Polymerisationsgrad solcher Produkte.
Da diese, wie Cellulose und Cellulosederivate oder Polymethacrylester,
Polystyrole, eine große technische Bedeutung haben, so wird die Methode
in der Technik sehr weitgehend zur Ermittlung des Polymerisationsgrads
dieser Stoffe benutzt.

Die auffallend hohe Viskosität vieler derartiger Lösungen, wie des
Kautschuks und einer Reihe von Proteinen, wurde früher unter den Ge-
sichtspunkten der Kolloidik betrachtet, denn die Viskosität der Lösungen
solcher Stoffe verhält sich weitgehend anders als die der Lösungen niedermolekularer Stoffe (Wo. Ostwald 1913). Nachdem aber festgestellt war, daß
es Makromoleküle von solcher Größe gibt, daß sie sich gar nicht anders als
kolloid zu lösen vermögen und man es somit in diesem Fall mit wohl-
definierten Teilchen zu tun hatte, lag es nahe, die wechselnde Viskosität
der Lösungen makromolekularer Stoffe auf chemische Ursachen zurückzuführen. Es gelang auch in vielen Fällen, eine solche nachzuweisen, wie z. B.
Abbau von Makromolekülen durch Luftsauerstoff oder andererseits
Brückenbildungen zwischen gelösten Fadenmolekülen. Beides sind Änderungen in der chemischen Konstitution der Makromoleküle, die eine Änderung der Viskosität der Lösungen zur Folge haben. Aber als eine der
wesentlichen Ursachen dieser wechselnden Viskosität entpuppte sich die
Form der gelösten Makromoleküle. Denn diese auffallenden Viskositätserscheinungen treten nur bei Linearkolloiden auf. So ist die starke Zunahme
der Viskosität mit wachsender Konzentration darauf zurückzuführen, daß
sehr lange lineare Makromoleküle sich in der Lösung gegenseitig zu behindern beginnen. Weiter ändert sich die Viskosität mit dem Strömungs-
gefälle, sie wird geringer, weil die Fadenmoleküle sich bei wechselndem
Gefälle in der Strömung ausrichten (R. Signer 1930). So hat die wechselnde
Viskosität der Lösungen makromolekularer Stoffe sowohl chemische wie
physikalische Ursachen; beide sind aber bedingt durch Größe und Gestalt
von Makromolekülen.

Besonders übersichtlich werden die Angaben über die Viskosität von
Lösungen, wenn man dieselbe nicht durch die absolute oder relative Viskosität charakterisiert, wie es früher vielfach geschah, sondern durch die
spezifische Viskosität, definiert als $\eta_{sp} = \eta_r - 1$ (H. Staudinger und
W. Heuer 1930). Dies ist die Viskositätserhöhung, die ein gelöster Stoff in
einem Lösungsmittel hervorruft. Die spezifische Viskosität ändert sich mit
der Konzentration der Lösung und wird zweckmäßig auf die Konzentration

g/l bezogen. Dieser Wert η_{sp}/c wird als $Z_\eta =$ die Viskositätszahl einer Lösung eines makromolekularen Stoffes bezeichnet (G. V. SCHULZ und F. BLASCHKE 1941).

Bei Lösungen sphäromakromolekularer Stoffe ist η_{sp}/c in einem großen Konzentrationsbereich konstant. Bei linearmakromolekularen Stoffen nehmen dagegen die η_{s}/c-Werte mit steigender Konzentration zu. Deshalb wird hier ähnlich wie bei osmotischen Bestimmungen vorgegangen: man ermittelt den $\lim\limits_{c \to o} \eta_{sp}/c$-Wert durch graphische Extrapolation. Dieser $\lim \eta_{sp}/c$-Wert hat aber nicht wie der $\lim p/c$-Wert bei osmotischen Bestimmungen in allen Lösungsmitteln die gleiche Höhe, sondern ändert sich mit dem Lösungsmittel, und zwar sind diese Z_η-Werte in guten Lösungsmitteln höher als in schlechten Lösungsmitteln. Diese Z_η-Werte hängen also in gewissem Umfange auch von dem Solvatationsvermögen des Lösungsmittels ab.

Bei sphäromakromolekularen Körpern gilt das Einsteinsche Gesetz, das derselbe für nicht solvatisierte Kolloidteilchen kugelförmiger Gestalt abgeleitet hat. Dasselbe lautet umgeformt:

$$Z_\eta = K = 0,0025 \tag{1}$$

und gilt z. B. für Kautschuklatex, ferner für Sphäroproteine, wie Ovalbuminlösungen (Tab. 13). Bei letzteren ist es auffallend, daß sie den von EINSTEIN berechneten K-Wert aufweisen, denn K müßte, wie schon EINSTEIN angibt, infolge Solvatation einen größeren Wert haben. Aus diesen Daten der Viskosität ist zu schließen, daß die kugeligen Teilchen dieser Lösungen sehr kompakt sind.

Tabelle 13. *Viskositätsmessungen an Ovalbuminlösungen in verschiedener Konzentration; s = 1,36.*

c g/Liter	η_{sp}	$\dfrac{\eta_{sp}}{c}$	$\dfrac{\eta_{sp}}{c} \cdot s = K$
20	0,042	0,00210	0,0028
40	0,074	0,00185	0,0025
60	0,100	0,00166	0,0023
80	0,132	0,00165	0,0023
100	0,185	0,00185	0,0025
120	0,240	0,00200	0,0027
140	0,290	0,00210	0,0028

$s =$ Dichte des Stoffes

Dagegen ist bei Glycogenen und Glycogenderivaten K beträchtlich größer als der von EINSTEIN berechnete Wert. Dies beruht darauf, daß diese stark verzweigten Kugelmoleküle infolge ihrer Sperrigkeit in ihrem Innern viel Lösungsmittel festhalten. Aber unabhängig vom Polymerisationsgrad und weiter auch unabhängig davon, ob Glycogene oder Glycogenacetate vorliegen, ist die Viskositätszahl dieser Lösungen und damit die Konstante K gleich groß. Auch Lösungen eines heteropolaren Molekülkolloids, des Glycogenxanthogenats, sind niederviskos. Die ionogenen Gruppen haben hier keinen viskositätserhöhenden Effekt zum Unterschied von den Verhältnissen bei heteropolaren linearmakromolekularen Stoffen (Tab. 14).

Tabelle 14. *Viskositätszahlen von polymerhomologen Glycogenen, Glycogenacetaten und Glycogenxanthogenat in verschiedenen Lösungsmitteln.*

Substanz	Lösungsmittel	$\bar{P}$	Z_η	$Z_\eta . s = K$
Glycogen	Wasser	410	0,0083	0,013
		1750	0,0080	0,013
	0,1 n-CaCl$_2$-Lösung	410	0,0083	0,013
		1750	0,0080	0,013
		5000	0,0080	0,013
	Formamid	410	0,0083	0,013
		1750	0,0086	0,014
		5000	0,0086	0,014
Glycogentriacetat	Chloroform	390	0,0110	0,017
		1680	0,0096	0,014
		5300	0,0098	0,015
Glycogenxanthogenat	Wasser	2200	0,0066	0,01

Glycogen: $s = 1,55$;   Glycogentriacetat: $s = 1,5$

Auch Lösungen von niedermolekularen Verbindungen mit Molekülen annähernd kugelförmigen Baues zeigen das gleiche Viskositätsverhalten, denn die Viskositätszahlen von Pentabenzoylglukose (Molekulargewicht 700) und Pentaacetylglukose (Molekulargewicht 560) sind ungefähr gleich groß, obwohl die Zahl der gelösten Moleküle in gleich konzentrierten Lösungen des ersteren zu denen des letzteren wie 1 zu 1,8 sich verhalten.

Ganz anders verhalten sich die Lösungen linearmakromolekularer Stoffe. In diesen, wie in Lösungen von Linearproteinen oder Polysacchariden, wie Cellulose, Amylopektin, Mannanen, oder synthetischen linearmakromolekularen Stoffen. wie Polystyrolen, nimmt die Viskosität nicht proportional mit der Konzentration zu, sondern steigt — wie gesagt — weit stärker an. Häufig sind schon 1%ige Lösungen bei genügender Länge der Fadenmoleküle dieser Stoffe außerordentlich hochviskos. Untersucht man die Viskosität einer polymerhomologen Reihe, z. B. von Polystyrolen, so stellt man fest, daß die Viskositätszahl mit dem Polymerisationsgrad ansteigt (H. Staudinger und W. Heuer 1930). Danach ist bei linearmakromolekularen Stoffen für die Höhe der Viskositätszahl die Kettenlänge verantwortlich und nicht etwa, wie man früher annahm, eine besonders hohe Solvatation dieser kolloidlöslichen makromolekularen Stoffe. Dieses Ergebnis läßt sich in einfacher Weise an niedermolekularen Stoffen mit Fadenmolekülen feststellen, denn die Viskositätszahlen von Lösungen niedermolekularer normaler Paraffinkohlenwasserstoffe, Ester, Säuren, Säureanhydriden und

Aminen ändern sich nach Tab. 15 proportional mit der Anzahl n der Glieder im kettenförmigen Molekül. Es gilt dabei folgende Beziehung:

$$Z_\eta = K_{\text{äqu}}\, n, \tag{2}$$

wobei $K_{\text{äqu}}$ annähernd konstant ist, wie Tab. 15 zeigt.

Tabelle 15. $K_{\text{äqu}}$-*Werte von Paraffinen, Äthern, Estern, Ketonen, Aminen mit einer Kettengliederzahl* $n = 20$—50 *in Tetrachlorkohlenstoff bei* 20°.

Substanz	n	$Z_\eta \cdot 10^4$ in CCl_4 gef.	$K_{\text{äqu}} \cdot 10^4$
n-Heptakosan	27	28,07	1,06
n-Hentriacontan	31	33,3	1,07
18-Äthylenpentatriacontan	35	37,6	1,07
CH-Verbindungen			
Methyloctadecyläther	20	21,8	1,09
Äthyloctadecyläther	21	23,6	1,12
Myriston	27	29,9	1,11
Palmitinsäurecetylester	33	35,7	1,08
Palmitinsäureanhydrid	33	36,0	1,09
Palmitinsäure	34	36,4	1,07
Decandioldilaurinat	36	38,4	1,07
Decandioldimyristinat	40	41,7	1,04
Dicetylsebacinat	44	47,3	1,07
Dekandioldipalmitat	44	45,8	1,04
Dicetylthapsiat	50	53,0	1,06
CHN-Verbindungen			
Dimyristylamin	29	32,8	1,13
Dicetylamin	33	36,4	1,10

Die in Tab. 15 wiedergebenen Resultate sind sehr bemerkenswert, denn sie zeigen deutlich, daß die Höhe der Viskositätszahl ganz wesentlich von der Kettengliederzahl abhängt, dagegen nicht sehr beeinflußt wird von der Art der Atome, die die Kette zusammensetzen. Weiter ist bemerkenswert, daß die dimolekulare Palmitinsäure in Lösung annähernd die gleiche Viskositätszahl wie Palmitinsäureanhydrid oder Palmitincetylester hat. Die Form dieser drei verschiedenen Moleküle muß also in Lösung die gleiche, und zwar die einer langgestreckten Kette sein.

Auf Grund dieser Erfahrungen über das Viskositätsverhalten von niedermolekularen Stoffen wurde auch das Viskositätsverhalten von Lösungen von makromolekularen Stoffen verständlich, denn bei einer Reihe von makromolekularen Stoffen, hauptsächlich bei Cellulosen, Cellulosederivaten und überhaupt bei Polysacchariden, nimmt die Viskositätszahl proportional mit dem Polymerisationsgrad zu. Es gilt hier folgende Beziehung:

$$Z_\eta = K_m \cdot P. \tag{3}$$

Dies zeigt Tab. 16 (E. Husemann und G. V. Schulz 1942).

Aus Tab. 17 geht weiter hervor, daß auch bei Amylopektinen die gleiche Beziehung zwischen Polymerisationsgrad und Z_η-Wert besteht, so daß hier trotz der Verzweigung der langgestreckten Moleküle der Amylopektine die Viskositätszahl proportional mit dem Polymerisationsgrad anwächst (H. Staudinger u. E. Husemann 1937).

Bei einer ganzen Reihe linearmakromolokularer Stoffe, hauptsächlich den synthetischen Polymerisaten oder Polykondensaten, wie den Polystyrolen, Polyvinylacetaten, Polyestern, ändert sich die Viskositätszahl nicht proportional mit dem Polymerisationsgrad, also der Kettenlänge, sondern es gilt hier die Beziehung:

$$Z_\eta = K \cdot P^x. \qquad (4)$$

Tabelle 16. *K_m-Konstante fraktionierter Cellulosenitrate in Aceton, hydrolytisch abgebaut.*

$\bar{P}$	Z_η	$K_m \cdot 10^4$
61	0,047	7,7
145	0,116	8,05
163	0,143	8,75
291	0,224	7,7
465	0,387	8,3
524	0,438	8,35
670	0,560	8,35
698	0,591	8,45
1020	0,850	8,35
1420	1,154	8,1
	Mittel: 8,2	

Diese Gleichung wurde zuerst von W. Kuhn aufgestellt (W. Kuhn 1934). Es ergab sich, daß der Wert des Exponenten x mit steigendem Polymerisationsgrad in vielen Fällen abnimmt und daß er weiter vom Lösungsmittel abhängig ist: in guten Lösungsmitteln ist er höher als in schlechten. Diese Resultate zeigen, daß bei solchen Stoffen die „viskosimetrische" Länge der Moleküle von ihrer „röntgenographischen" Länge — also von der Länge, die das Fadenmolekül besitzen würde, wenn es im gestreckten Zustand in einem Kristall eingelagert wäre — wesentlich

Tabelle 17. *K_m-Konstanten von Amylopektinen in Formamid.*

$\bar{P}$	Z_η	$K_m \cdot 10^4$
185	0,012	0,65
380	0,025	0,66
560	0,034	0,61
940	0,055	0,59
1770	0,112	0,63

abweicht und daß mit zunehmender Länge eine immer stärkere Faltung oder Knäuelung dieser Fadenmoleküle in Lösung erfolgt (vgl. dazu R. Houwink 1940; P. Debye u. A. M. Bueche 1948; J. G. Kirkwood u. J. Risemann 1948; Ch. Sadron 1948; H. A. Stuart 1949). Dies geht auch aus den Untersuchungen von H. Batzer (1950) hervor, der bei Polyestern folgenden Zusammenhang zwischen der Kettengliederzahl und dem Exponenten x gefunden hat (Tab. 18).

Bei heteropolaren linearmakromolekularen Stoffen, wie der Polyacrylsäure, scheinen die Verhältnisse zunächst völlig unübersichtlich zu sein, da die Höhe der Viskositätszahl ein und desselben Stoffes, z. B. ein und derselben Polyacrylsäure, sich je nach Zusatz von Lauge oder Elektrolyten

Tabelle 18. *Zusammenhang zwischen Kettengliederzahl n und Exponent x für gesättigte Polyester bei 20° C.*

$$Z_\eta = K \cdot n^x.$$

n	x in Benzol	x in Chloroform
32	0,99	1,00
100	0,82	0,87
320	0,75	0,78
1.000	0,68	0,72
3.200	0,66	0,69
10.000	0,60	0,64
32.000	0,52	0,61
100.000	0,50	—

stark ändert, wie aus der graphischen Darstellung (Abb. 3) hervorgeht (H. STAUDINGER u. E. TROMMSDORFF 1933; W. KERN 1938, 1939).

Aber auch hier werden übersichtliche Beziehungen zwischen der Höhe der Viskositätszahl und der Kettenlänge erhalten, wenn man die gegenseitige Störung der Fadenionen durch Zusatz von genügend Elektrolyten, z. B. Natronlauge oder Kochsalz, aufhebt. Unter diesen Bedingungen nimmt die Viskositätszahl entweder nach Gleichung (3) proportional mit dem Polymerisationsgrad zu, wie es bei Lösungen von Cellulose in Schweizers Reagens in einem Überschuß von Kupferoxydammoniak der Fall ist, oder funktionell nach Gleichung (4), wie bei polyacrylsaurem Natron in Lösungen von Natronlauge.

Der Bestimmung einer Viskositätszahl für die Lösungen eines linearmakromolekularen Stoffes schien noch eine weitere und sehr wesentliche Schwierigkeit entgegenzustehen, nämlich die, daß bei Lösungen linearmakromolekularer Stoffe die Höhe der Viskositätszahl sich mit dem Geschwindigkeitsgefälle ändert, mit dem die zu untersuchende Lösung aus dem Viskosimeter entströmt. Danach schien es nicht möglich, die Viskositätszahl als eine Konstante für Lösungen von Fadenmolekülen anzugeben, da ihr Wert von der verwendeten Apparatur abhängig ist. Diese Schwierigkeit wurde auf Grund der Untersuchungen der Strömungsdoppelbrechung an Lösungen linearmakromolekularer Stoffe von R. SIGNER (1930) überwunden. Aus diesen geht hervor, daß die Fadenmoleküle in einer strömenden Flüssigkeit orientiert werden, und zwar um so mehr, je größer das Geschwindigkeitsgefälle ist. Daraus ergab sich ohne weiteres die Schlußfolgerung, daß zur Bestim-

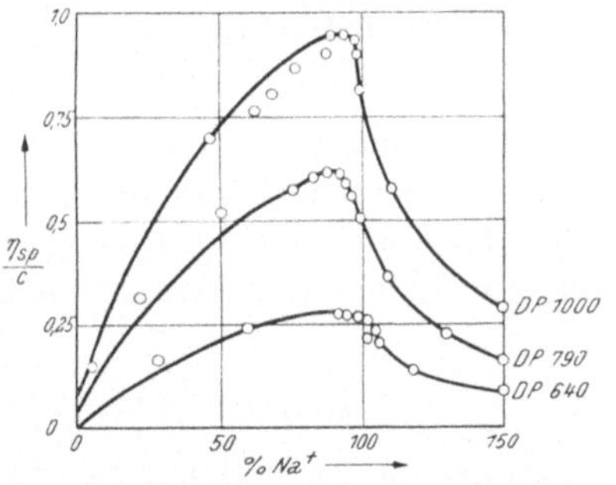

Abb. 3. Änderung der η_{sp}-Werte bei Lösungen von drei polymerhomologen Polyacrylsäuren (Konzentration: 4,7 g/l) bei Zusatz von Natronlauge.

mung von Z_η eines linearmakromolekularen Stoffes bei möglichst geringem Geschwindigkeitsgefälle zu arbeiten ist, da dann die Fadenmoleküle nicht einseitig orientiert sind. Es ist also notwendig, die lim Z_{τ_i}-Werte auf die Konzentration 0 und auf das Geschwindigkeitsgefälle 0 zu beziehen:

$$Z_{\tau_i} = \frac{\eta_{sp}}{c}$$
$$c \to 0$$
$$Gf \to 0$$

$$(3)$$

Bei Proteinen wurde bisher dieses einfache Verfahren der Bestimmung der Moleküllänge, also der Kettengliederzahl durch Viskositätsmessungen, kaum benutzt. Es ist auch hier nicht geeignet, da diese Viskositätsmethode zur Bestimmung des Polymerisationsgrades die Kenntnis des Proportionalitätsfaktors, der K_m-Konstante, voraussetzt. Dieser Proportionalitätsfaktor läßt sich nur dadurch ermitteln, daß in einer homologen oder polymerhomologen Reihe die Z_η-Werte und der Polymerisationsgrad der verschiedenen Vertreter bestimmt und daraus Schlüsse gezogen werden, welche der beiden Beziehungen (Gleichung [2] resp. [4]) im gegebenen Fall gültig ist.

So läßt sich aus der Viskosität der Lösungen makromolekularer Stoffe eine ganze Reihe von Rückschlüssen auf ihren Bau ziehen. Es ist das Viskosimeter (Grahams Kolloidoskop) heute ein unentbehrliches Hilfsmittel der makromolekularen organischen Chemie geworden.

d) Die Gestalt der Makromoleküle

Im vorstehenden ist mehrfach darauf hingewiesen worden, daß die Gestalt der Makromoleküle auf das Verhalten der Stoffe im festen Zustand und in ihrer kolloiden Lösung einen ausschlaggebenden Einfluß hat, und zwar ist derselbe viel größer, als dies bei niedermolekularen Stoffen der Fall ist. Diese Bedeutung der Molekülgestalt in der makromolekularen Chemie ist ohne weiteres verständlich, denn wenn Tausende oder Zehntausende von Kohlenstoffatomen fadenförmig aneinandergereiht werden, so ist die Gestalt der resultierenden Fadenmoleküle ganz verschieden von der eines Moleküls, das durch kugelförmige Anordnung der gleichen Atomzahl entsteht. Dagegen unterscheidet sich das flüssige normale Nonan, also ein Fadenmolekül mit wenigen Kohlenstoffatomen, nicht sehr wesentlich in seinen physikalischen Eigenschaften von einem Tetraäthylmethan, einem Kohlenwasserstoff, der annähernd kugelförmige Moleküle besitzt. Bei der großen Bedeutung der Molekülgestalt wurde eine Unterscheidung und Einteilung der makromolekularen Stoffe vorgeschlagen in solche mit Kugelmolekülen: sphäromakromolekulare Stoffe (globuläre makromolekulare Stoffe) und Stoffe mit Fadenmolekülen: linearmakromolekulare Stoffe. Diese beiden Extreme sind durch Übergänge verbunden. So existieren Makromoleküle, die langgestreckt, aber mehr oder weniger verzweigt sind, wie z. B. das Amylopektin. Der wesentliche Unterschied zwischen den beiden Gruppen von makromolekularen Stoffen ist am Beispiel einiger Proteine und Polysaccharide in Tab. 19 dargelegt.

Tabelle 19. *Kugel- und fadenförmige Polysaccharide und Eiweißstoffe.*

	Sphäromakromolekulare Stoffe	Linearmakromolekulare Stoffe
Kohlehydrate	Glycogen und Derivate	Cellulose und Derivate, Pektine, Mannane
Eiweißstoffe	Ovalbumin, Hämoglobin, Lactoglobulin	Kollagen, Myosin, Ovoglobulin, Fibroin
Aussehen im festen Zustand	pulverig	faserig, zäh
Quellungsvermögen	quellen nicht	quellen stark
Viskosität einer 1%igen Lösung .	niederviskose Sollösungen	hochviskose Gellösungen
Art der Lösungen	Newtonsche Lösungen	nicht Newtonsche Lösungen; linearmakromolekulare oder polyionische Viskositätserscheinungen
Strömungsdoppelbrechung	keine	wächst mit zunehmender Länge der Fadenmoleküle
Osmotischer Druck	gehorchen in verdünnten Lösungen dem van't Hoffschen Gesetz	Abweichungen vom van't Hoffschen Gesetz
Diffusion	gehorchen dem Fickschen Gesetz	Abweichungen vom Fickschen Gesetz

Aus Tab. 19 erkennt man, daß nur die linearmakromolekularen Stoffe im festen Zustand und in Lösung Eigenschaften haben, die den niedermolekularen Stoffen fehlen. So gehören alle Faserstoffe zu den linearmakromolekularen Stoffen; ebenso sind Kautschuk und viele Kunststoffe, wie Polystyrole, Plexiglas usw., aus langen Fadenmolekülen aufgebaut.

Bei kristallisierten linearmakromolekularen Stoffen kann man durch röntgenographische Untersuchungen die Dimension der Grundmoleküle ermitteln, die das betreffende Fadenmolekül aufbauen. So ist z. B. in der kristallisierten Cellulose die Länge eines Cellobioserestes 10,3 Å. Kennt man durch die im Abschnitt 3 c geschilderten Bestimmungen den Polymerisationsgrad des betreffenden Fadenmoleküls, so ergibt sich daraus die Länge dieses gesamten Fadenmoleküls im kristallisierten Zustand, die sogenannte röntgenographische Länge.

Werden solche Fadenmoleküle gelöst, so haben sie die Tendenz, in Lösung eine möglichst langgestreckte Form anzunehmen, wie sich aus einer einfachen Überlegung von R. SIGNER (1936) ergibt. Derselbe wies darauf hin, daß einzelne kleine Moleküle sich in Lösung durch Diffusion möglichst weit voneinander entfernen. Sind nun diese kleinen Moleküle zu einem Fadenmolekül gebunden, so wird infolge der gleichen Tendenz dies Fadenmolekül in Lösung eine möglichst langgestreckte Form annehmen. Umgekehrt bewirken aber die zwischenmolekularen Kräfte zwischen den einzelnen Gruppen eines Fadenmoleküls eine Anziehung, so daß sich dasselbe je nach Größe dieser intramolekularen Kräfte mehr oder weniger zusammenfaltet. In schlechten Lösungsmitteln, die das gelöste Fadenmolekül schwach solvatisieren, werden sich diese intramolekularen Kräfte in erhöhtem Maß auswirken als in guten Lösungsmitteln. die das Fadenmolekül stark solvatisieren. Damit ändert sich auch die Gestalt von Fadenmolekülen gleicher Kettenlänge mit der Art des Lösungsmittels; die Moleküle sind in schlechten Lösungsmitteln kürzer als in guten. Dies läßt sich an der Höhe der Viskositätszahl erkennen, die, wie in Abschnitt 5c ausgeführt, in schlechten Lösungsmitteln niedriger ist als in guten.

W. Kuhn nimmt in Lösungen von Fadenmolekülen eine statistische Knäuelung derselben an unter der Voraussetzung einer freien Drehbarkeit der einfachen Bindung (W. Kuhn 1936). Diese Annahme ist nicht vollkommen zutreffend, da bei Kohlenstoffketten, die mehrere einfache Kohlenstoffatome gebunden enthalten, ein gewisser Energiebetrag nötig ist. um die eine Form der Kette in eine andere überzuführen. Auch Verbindungen mit nur einfach gebundenen Kohlenstoffatomen haben also in Lösung eine bestimmte Form; so liegt z. B. Bernsteinsäureester mit langen aliphatischen Alkylresten in Lösung in der langgestreckten trans-Form vor, wie sich aus Viskositätsmessungen ergibt. Die cis-Formen sind hier nicht zu fassen, da sie sich leicht in die trans-Formen umlagern. Bei Verbindungen mit Kohlenstoffdoppelbindungen sind dagegen beide Formen, die cis- und trans-Form, existenzfähig und ihre Ester unterscheiden sich in Lösung nach Viskositätsmessungen in der Länge ihrer Moleküle (G. Bier 1949; H. Batzer und B. Mohr 1952).

G. V. Schulz unterscheidet zwischen der chemischen Gestalt der Fadenmoleküle, die durch ihre Konstitution gegeben ist, und ihrer physikalischen Gestalt in Lösung (G. V. Schulz 1950a). Die Aufgabe, diese Länge der Fadenmoleküle in Lösung zu bestimmen, kann mit Hilfe verschiedener Methoden in Angriff genommen werden. Aus Messungen mittels der Ultrazentrifuge läßt sich der Dissymmetrie-Faktor ermitteln, welcher die Abweichung der sedimentierenden Teilchen von der Kugelgestalt angibt (The Svedberg 1929). Räumliche Abmessungen gelöster Teilchen ergeben sich aus der Lichtstreuung. In einfacher Weise läßt sich die Gestalt der Fadenmoleküle durch Viskositätsmessungen beurteilen, da bei Kugelmolekülen das Einsteinsche Gesetz gilt, während bei Fadenmolekülen die Viskosität mit der Kettenlänge zunimmt, entweder proportional nach Gleichung (3) oder funktionell nach Gleichung (4). Diese Länge der Fadenmoleküle in Lösung, die durch die Höhe der Viskositätszahl des betreffenden Stoffes mit Fadenmolekülen bestimmt ist, wird zweckmäßig als die viskosimetrische Länge eines Fadenmoleküls bezeichnet. Die jetzigen Versuche führen übereinstimmend zu dem Ergebnis, daß die viskosimetrische Länge eines Fadenmoleküls in Lösung weit geringer ist als die röntgenographische, mit anderen Worten ist das Fadenmolekül in Lösung nicht ein starrer Stab (stick molecules der angelsächsischen Literatur), sondern es läßt sich eher mit einem elastisch schwingenden, dünnen Glasfaden vergleichen. der je nach dem umgebenden Medium sich mehr oder weniger kontrahieren kann, nicht aber mit einem Wollfaden, der jede beliebige Form annehmen kann.

Da die Gestalt der Fadenmoleküle in Lösung einmal von ihrer Solvatation und weiter von den intramolekularen Anziehungskräften zwischen einzelnen Gruppen des Fadenmoleküls abhängt, so ist verständlich, daß die Gestalt der Fadenmoleküle sich je nach dem Milieu stark ändern kann, und weiter auch, daß ein Fadenmolekül bei Temperaturveränderung in Lösung Gestaltsänderungen erleidet. Solche Gestaltsänderungen wurden am Modellbeispiel der sehr hochmolekularen Polyisobutylene mit einem Polymerisationsgrad 1000 und mehr studiert. In guten Lösungsmitteln, wie Cyclohexan, nimmt die Viskosität einer Reihe polymerhomologer Polyisobutylene mit steigendem Polymerisationsgrad funktionell zu, also nach Gleichung (4), S. 34. In dem schlechten Lösungsmittel Benzol haben dagegen die verschiedenen polymerhomologen Polyisobutylene bei 20° trotz unterschiedlicher Kettenlänge annähernd dieselbe, und zwar eine recht geringe Viskositätszahl Z_η. Aus diesem Viskositätsverhalten läßt sich schließen, daß diese Polyisobutylene bei 20° in dem schlechten Lösungsmittel Benzol sich annähernd zu kugelförmigen Molekülen zusammengefaltet haben (H. Staudinger u. H. Hellfritz 1951). Schon W. Kuhn hatte theoretisch eine starke Zusammenknäuelung von Fadenmolekülen in schlechten Lösungsmitteln abgeleitet, so daß sich hierin annähernd kugelförmige Teilchen ergeben (W. Kuhn 1949). Beim Erwärmen der Benzollösungen dieser Polyisobutylene werden die Solvatationsverhältnisse geändert. Die Moleküle werden gestreckt, und bei 80° haben die höherpolymeren Polyisobutylene auch in Benzol eine höhere Viskositätszahl wie die niederpolymeren, so daß bei 80° die Viskositätszahl wie bei Lösungen anderer Fadenmoleküle mit steigendem Polymerisationsgrad ansteigt.

Bei Proteinen sind zahlreiche Beobachtungen über die Gestaltsänderungen in Lösung gemacht worden; so erfolgen Übergänge von Sphäroproteinen in Linearproteine bei der Denaturierung (B. Jirgensons 1948). Die Moleküle des Eieralbumins sind in Harnstofflösung länger als in Wasser (A. Mirsky 1941). Gestaltsänderungen wurden weiter auch beim Insulin festgestellt (D. F. Waugh 1946, 1948).

4. Makromoleküle zwischen gelöstem und festem Zustand
a) Unbegrenzte und begrenzte Quellung, Gellösungen, Sollösungen

Bei niedermolekularen Stoffen gibt es keine Zwischenstufe zwischen ihrem festen Zustand und ihren Lösungen, sondern der feste Stoff geht, falls er löslich ist, direkt in Lösung. Bei makromolekularen Stoffen sind auch hier mehrere verschiedene Erscheinungsformen zu verzeichnen. Dies ist sehr wesentlich gerade für das Protoplasma. Denn es ist vielfach diskutiert worden, ob dasselbe fest oder flüssig sei, da man keine Zwischenzustände kannte und seine auffallende kolloide Beschaffenheit weder mit dem einen noch dem anderen restlos definiert werden konnte (vgl. dazu

z. B. M. H. Fischer 1934/35; R. Höber 1947). Die Untersuchung einfacher makromolekularer Substanzen zeigte, daß zwischen fest und gelöst bzw. flüssig eine Reihe intermediärer Zustände möglich sind, die alle mit der Form der Makromoleküle zusammenhängen. Somit bedingt hier die Gestalt der Makromoleküle wesentliche, von der lebenden Substanz benötigte und ausgenützte Eigenschaften.

Zunächst ist zwischen sphäromakromolekularen und linearmakromolekularen Stoffen zu unterscheiden. Erstere, wie z. B. das Glycogen oder Ovalbumin, ähneln den niedermolekularen organischen Stoffen: falls sie überhaupt löslich sind, lösen sie sich ohne Quellung unter Bildung kolloider Lösungen, da sie sich infolge der Größe ihrer Makromoleküle gar nicht anders als kolloid aufzulösen vermögen.

Anders verhalten sich die linearmakromolekularen Stoffe; ist ein solcher, wie z. B. Kautschuk, Polystyrol, Cellulosenitrat, Ovoglobulin, löslich, so beginnt der Auflösungsvorgang damit, daß die Makromoleküle solvatisiert werden, aber infolge ihrer extremen Gestalt erst nach und nach vom festen Körper abgelöst werden können. Infolgedessen erfolgt die Solvatation rascher als die Lösung; das Lösungsmittel dringt in den festen Stoff ein und „löst" sich in diesem unter Bildung der Solvatschichten der linearen Makromoleküle und weiterer Einlagerung zwischen die fertig solvatisierten Makromoleküle. Dadurch werden diese auseinandergedrängt: der Körper quillt auf. Es bildet sich also ein Mischsystem aus einem makromolekularen Stoff und einem Lösungsmittel, das hinsichtlich seiner mechanischen Eigenschaften (Elastizität, Plastizität) einem festen Körper näher steht als einer Flüssigkeit.

Bei weiterer Zugabe von Lösungsmittel gibt es jetzt mehrere Möglichkeiten: die Quellung geht allmählich in eine Lösung über. Diese ist aber zunächst noch keine „richtige" Lösung; denn die in ihr befindlichen, völlig solvatisierten Fadenmoleküle behindern sich gegenseitig, sie sind noch nicht frei beweglich: der gequollene Körper ist in eine Gellösung (H. Staudinger 1930) übergegangen. Diese ist dadurch charakterisiert, daß ihr Volumen kleiner ist als die Summe der Volumina, die durch die in Lösung gehenden Fadenmoleküle bei ihren Bewegungen beansprucht werden. Letztere werden als Wirkungsbereiche der Fadenmoleküle bezeichnet (H. Staudinger 1930). Deshalb sind Gellösungen sehr hochviskos. Eine solche Lösung ist z. B. eine etwa 1%ige Lösung eines Celluloseacetates vom Polymerisationsgrad 1000 in Aceton. In einer solchen ist die Summe der Wirkungsbereiche der gelösten Fadenmoleküle etwa viermal größer als das Volumen der Lösung (Tab. 20). Erst bei weiterer Verdünnung der Lösung durch Lösungsmittel geht diese in eine normale Lösung, eine Sollösung, über. Nur letztere ist einer gewöhnlichen Lösung eines niedermolekularen Produktes vergleichbar: in diesem Stadium sind die gelösten Makromoleküle frei beweglich.

Die Konzentration, bei der der Übergang einer Gel- in eine Sollösung stattfindet, wird als Grenzkonzentration (H. Staudinger 1930) bezeichnet. Die Wirkungsbereiche von polymerhomologen Cellulosetriacetaten und ihre Grenzkonzentration sind in Tab. 20 angegeben.

Tabelle 20. *Wirkungsbereiche von polymerhomologen Cellulosetriacetaten in Lösung und die sich daraus ergebenden Grenzkonzentrationen.*
$c = 10$ g/Liter.

DP	Zahl der Moleküle in 1 Liter Lösung	Wirkungsbereich eines Fadenmoleküls in Å^3	Wirkungsbereich aller Moleküle in 1 Liter Lösung entspricht	Grenzkonzentration bei g im Liter
10	$2,1 \cdot 10^{21}$	$2,1 \cdot 10^4$	0,044 Liter	230
50	$4,2 \cdot 10^{20}$	$5,3 \cdot 10^5$	0,22 „	46
100	$2,1 \cdot 10^{20}$	$2,1 \cdot 10^6$	0,44 „	23
250	$8,4 \cdot 10^{19}$	$1,3 \cdot 10^7$	1,1 „	9,1
500	$4,2 \cdot 10^{19}$	$5,3 \cdot 10^7$	2,2 „	4,6
1000	$2,1 \cdot 10^{19}$	$2,1 \cdot 10^8$	4,4 „	2,3

Diese Werte der Tab. 20 sind unter Zugrundelegung der bekannten röntgenographischen Länge der Fadenmoleküle berechnet. Da die viskosimetrische Länge der Fadenmoleküle in Lösung — und zwar je nach dem Lösungsmittel und Temperatur — kleiner ist als die röntgenographische, so werden dadurch Korrekturen der Werte der Tab. 20 erfolgen müssen, sobald man über diese viskosimetrische Länge der Fadenmoleküle, also über den Abstand der Molekülenden eines Fadenmoleküls in Lösung, übereinstimmende Aussagen machen kann (W. Kuhn u. H. Kuhn 1943). Bei noch stärker flexiblen Makromolekülen, wie die der Polyvinylderivate und Polyester, werden diese Korrekturen im Wirkungsbereich und in der Grenzkonzentration noch stärker sein, und zwar werden sich diese Größen zum Unterschied von den Cellulosederivaten nicht mehr proportional, sondern funktionell ändern, und zwar entsprechend der funktionellen Änderung der Viskositätszahl mit dem Polymerisationsgrad nach Gleichung (4), S. 34. Aber eine Grenzkonzentration wird bei Lösungen mit langen Fadenmolekülen immer auftreten, und ebenso der Zustand der Gellösung, in dem die gelösten Moleküle solvatisiert, aber nicht frei beweglich sind. Nur bei den niedersten Gliedern dieser polymerhomologen Reihe kann dieser Zustand der Gellösung nicht eintreten, weil die gegenseitige Behinderung der kurzen Fadenmoleküle erst in sehr hochkonzentrierten Lösungen erfolgen kann. In solchen reicht aber die Menge des Lösungsmittels nicht mehr aus, um die Fadenmoleküle vollständig zu solvatisieren. Es treten also in konzentrierten Lösungen der niederpolymeren Stoffe mit Fadenmolekülen Assoziationen ein wie in konzentrierten Lösungen niedermolekularer Stoffe.

Eine weitere Modifikation der Quellung tritt bei linearmakromolekularen Stoffen auf, die zwar quellen, aber sich nicht mehr aufzulösen vermögen, weil ihre Makromoleküle durch einzelne Brücken verbunden sind. Diese Art, die begrenzte Quellung, wurde am Beispiel des Polystyrols näher untersucht (H. Staudinger u. E. Husemann 1935). Solche Brücken werden hier — wie geschildert — durch geringe Mengen von Divinylbenzol gebildet (vgl. Formel 3, S. 14). Je weniger Divinylbenzolbrücken vorhanden sind, um so stärker quillt das Polystyrol in Benzol. Wie stark ein solcher

Körper unter Wahrung seiner ursprünglichen Form zu quellen vermag.
zeigt Abb. 4.

Die Größe der Quellung hängt nicht nur von der Länge der Polystyrol-
ketten und der Zahl der Verknüpfungsstellen ab. sondern auch von der
Solvatation. also von der Art des Lösungsmittels. Schlechte Lösungsmittel
für Polystyrol. wie z. B. Cyclohexan oder Essigester, quellen nur gering-
fügig, während gute Lösungsmittel, wie z. B. Benzol oder Tetrachlorkohlenstoff, sehr starke Quellung hervorrufen. Es läßt sich also durch Bestimmung
der Größe der Quellung von begrenzt quellbaren linearmakromolekularen
Stoffen ein Urteil über die Solvatation der Fadenmoleküle durch verschiedene Lösungsmittel erhalten.

Solche Brücken können auch nachträglich in einem fertig gebildeten
makromolekularen Stoff durch chemische Reaktion zwischen Fadenmolekülen erzeugt werden. So kön-
nen z. B. beim Kautschuk
durch Autoxydation die langen
Fadenmoleküle durch Sauer-
stoffbrücken verbunden werden. wodurch der lösliche
Kautschuk unlöslich wird.
Durch Mastizieren werden die
Fadenmoleküle zerrissen und
dadurch auch die Brücken zwischen ihnen. So kann durch
eine solche mechanische Behandlung der unlösliche Kautschuk. der durch Autoxydation
aus dem löslichen entstanden
ist. wieder in einen löslichen

Abb. 4. Quellung eines Stückes Polystyrol mit Divinylbenzolbrücken: links vor der Quellung: rechts nach der Quellung in
Benzol.

übergehen. Dieser lösliche mastizierte Kautschuk ist aber nicht mehr mit
dem ursprünglichen identisch. sondern ein abgebautes Produkt. Auch bei
der Vulkanisierung des Kautschuks. bei der die Fadenmoleküle durch
Schwefelbrücken verkettet werden. bilden sich stärker oder schwächer quellbare Produkte aus (K. H. Meyer und H. Mark 1928).

Derartige Vorgänge spielen sich auch bei heteropolaren Molekülkolloiden
ab. So kann Polymethacrylsäure mit Divinylbenzolbrücken unlöslich gemacht werden. Die Quellung derartiger Mischkondensate ist außerordentlich stark: es wurden Quellungen bis um das 320fache beobachtet
(J. W. Breitenbach und H. Karlinger 1949). Wie die Viskosität der Lösungen von heteropolaren Molekülkolloiden. so wird auch ihre Quellung durch
Änderung der Wasserstoff- bzw. der Hydroxylionenkonzentration oder all-
gemein durch Zusatz von Elektrolyten beeinflußt. Bei einem Mischkonden-
sat. das im Wasser um das 81fache quillt. stieg die Quellung nach Zusatz
von verdünnter Kalilauge auf das 200fache und sank auf den 13. Teil bei
Zusatz von Salzsäure.

Übergänge erfolgen auch zwischen unbegrenzt und begrenzt quellbaren Gelen bei Linearproteinen (W. T. Astbury 1936). Hier kann die Ver-

knüpfung von Fadenmolekülen durch Oxydation einer SH-Gruppe in einem Cystinrest erfolgen. Die so gebildeten Disulfidgruppierungen eines Cystinrestes werden durch Reduktion leicht gespalten, so daß das unlösliche Linearprotein in ein lösliches verwandelt werden kann. Die Verknüpfung von Linearproteinen kann auch durch Salzbildung erfolgen derart, daß sich Proteinmoleküle mehr basischen Charakters mit solchen von mehr saurem Charakter vereinigen.

Eine außerordentlich starke Quellung ist am Tabakmosaikvirus beobachtet (J. FANKUCHEN 1941): nach röntgenographischen Untersuchungen bleibt die Gitterstruktur der Präparate auch dann bestehen, wenn die Virusteilchen durch einige 100 Å dicke Schichten von Wasser getrennt sind, welches bei der Quellung eines trockenen Gels aufgenommen wird.

b) Inklusion

Ein Sonderfall der Quellung ist die Inklusion (H. STAUDINGER und W. DÖHLE 1942). Sie ist eine begrenzte, indirekte Quellung von linearmakromolekularen Stoffen durch eine lyophobe Flüssigkeit. Eine Inklusion kommt zustande, wenn ein fester linearmakromolekularer Stoff durch eine lyophile Flüssigkeit gequollen und diese dann durch eine lyophobe Flüssigkeit verdrängt wird. Dieses Phänomen ist besonders an Faserstoffen beobachtet worden, so an verschiedenen Cellulosen, Wolle und Seide (Tab. 21).

Tabelle 21. *Inklusion von Tetrachlorkohlenstoff in linearmakromolekulare Stoffe.*

	In % inkludiert nach 3tägiger Trocknung bei 50° und 0,1 mm Hg
Merzerisierte Baumwolle	7,2
Ramie	6,7
Seide	18,0
Wolle	11,5

Bei Einwirkung von Wasser auf merzerisierte Baumwollfasern bilden sich unter Sprengung der Wasserstoffbrücken (Abb. 5 I) und schwacher Quellung Cellulosehydrate (Abb. 5 II). Werden die feuchten Fasern anschließend mit wasserlöslichen Lösungsmitteln, wie Alkohol, Aceton oder Pyridin behandelt, so wird das Wasser durch diese verdrängt: durch diese eingelagerten Flüssigkeitsmoleküle wird eine koordinative Bindung zwischen den Hydroxylgruppen benachbarter Celluloseketten verhindert, der leicht gequollene Zustand bleibt bestehen. Diese eingelagerten wasserlöslichen Lösungsmittel können dann weiter durch wasserunlösliche Lösungsmittel, wie Cylohexan, Benzol oder Tetrachlorkohlenstoff, verdrängt werden. Letztere sind zum Unterschied von Wasser und wasserlöslichen Stoffen nicht durch Nebenvalenzen an die Glukosereste der Cellulose gebunden. Sie treten lediglich in die offenen Zwischenräume zwischen die Celluloseketten ein und verhindern die Bildung von Wasserstoffbrücken. Infolgedessen ist die Cellulose in diesem Zustand in erhöhtem Maße reaktionsfähig (Abb. 5 III).

Auffallend ist, daß diese Lösungsmittel durch Trocknen nicht restlos entfernt werden können: auch nach mehrtägigem Verweilen bei höherer

Temperatur (60 bis 80°) in einem Vakuum von 0.1 mm verbleiben noch 6 bis 8% dieser Lösungsmittel in den Fasern eingeschlossen. Auch die so getrockneten Inklusionscellulosen mit nur wenig Einschluß sind gleich reaktionsfähig wie vor dem Trocknen, weil die Inklusion das Entstehen der Wasserstoffbrükken unterbindet. Das Phänomen kann als fixierte Quellung bezeichnet werden (Abb. 5 IV).

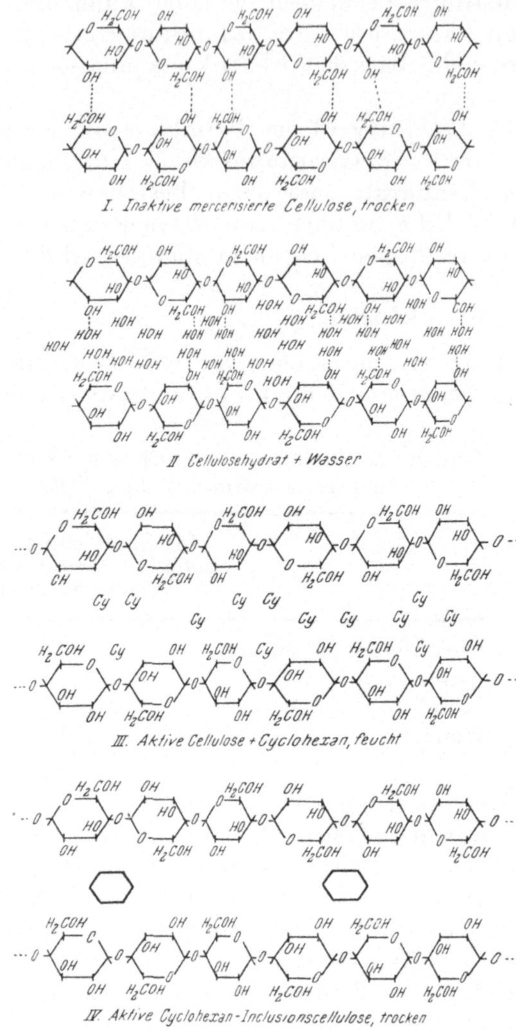

Für derartige Inklusionen kommen nur Lösungsmittel in Betracht, die keine Verwandtschaft zu den Hydroxylgruppen der Cellulose haben; denn Wasser oder Methylalkohol lassen sich im Hochvakuum aus der Cellulose entfernen, da diese Stoffe entlang den Hydroxylgruppen der Cellulosekette allmählich aus dem festen Stoff herauswandern können.

Wie bereits erwähnt, sind die Inklusionscellulosen gegenüber trockenen reinen Cellulosen durch ihre erhöhte Reaktionsfähigkeit ausgezeichnet, weil die Wasserstoffbrücken zwischen den Celluloseketten gesprengt sind. Eine Untersuchung der Acetylierung verschie-

I. Inaktive mercerisierte Cellulose, trocken

II Cellulosehydrat + Wasser

III. Aktive Cellulose + Cyclohexan, feucht

IV. Aktive Cyclohexan-Inclusionscellulose, trocken

Abb. 5. Inclusion von Cyclohexan in mercerisierter Cellulose.

dener Cellulosefasern, und zwar solcher ohne Vorbehandlung und nach Inklusion von Benzol, ergab, daß die Cellulosen rasch umgesetzt werden. wenn ihre Hydroxylgruppen durch Inklusion freigelegt und dadurch dem Acetylierungsgemisch zugänglich sind. In diesem Fall entsteht innerhalb 24 Stunden das Triacetat (Tab. 22) (H. STAUDINGER. K. H. IN DEN BIRKEN u. M. STAUDINGER 1953).

Tabelle 22. *Acetylierung von merzerisierten Fasern mit Benzol-Essigsäureanhydrid-Schwefelsäure*).*

Dauer der Acetylierung	Trocken % Acetyl		Inkludiert % Acetyl	
Baumwolle	*DP* 2200	290	2200	290
24 h	0,9	1,3	44,9	44,3
Ramie	*DP* 1800	160	1800	160
24 h	1,5	2,2	43,6	42,8
Flachs	*DP* 1500	150	1500	150
24 h	2,2	2,4	41,4	40,7
Hanf	*DP* 1800	260	1800	260
24 h	2,3	3,7	41,3	42,0

*) Acetylgehalt eines Triacetates = 44,8%.

Dagegen werden trockene Fasern nur langsam acetyliert. Es folgt daraus, daß in diesen nur wenig Hydroxylgruppen zugänglich sind. Ihre Anzahl ist etwa derjenigen auf der Oberfläche der Fasern gleich (etwa 3%). Wenn man annehmen würde — wie dies früher der Fall war —. daß die Acetylierung eine Reaktion der Oberflächen von micellaren Verbänden innerhalb der Fasern sei. so müßte diese Anzahl der Hydroxylgruppen sehr viel größer sein.

Wenn man die Inklusionscellulosen mit einem Acetylierungsgemisch während nur kurzer Zeit, 1—3 Stunden. behandelt. erhält man Fasern mit 20—30% Acetylgehalt. Mit Chloroform kann man daraus nur sehr geringe Mengen des in Chloroform löslichen Triacetats extrahieren. Der unlösliche Teil hat den gleichen Acetylgehalt wie die Fasern vor der Extraktion. Dies bedeutet. daß die Acetylgruppen sich gleichmäßig über die ganze Faser verteilen und nicht nur an bestimmten Stellen. also etwa Oberflächen von Micellen usw. zu finden sind.

Inklusion tritt nicht bei allen linearmakromolekularen Stoffen auf. So lassen sich aus Polyäthylen, Buna und Kautschuk organische Lösungsmittel relativ schnell entfernen. Die Makromoleküle dieser Kohlenwasserstoffe sind anscheinend ungeeignet. Lösungsmittelmoleküle einzuklemmen: dagegen zeigen Polystyrol und Polyvinylacetate starke Inklusionserscheinungen. Tabelle 23 zeigt an einigen Beispielen. wie die Inklusion von der Gestalt der Fadenmoleküle abhängt.

Inwiefern solche Phänomene bei Umsetzung von Proteinen eine Rolle spielen. läßt sich heute noch nicht entscheiden. Es ist aber anzunehmen. daß linearmakromolekulare Stoffe der Zelle neben normalen Quellungserscheinungen auch dieser eigentümlichen Art der Quellung im Bedarfsfall zur Erhöhung oder Verringerung ihrer Reaktionsfähigkeit unterworfen werden können.

Tabelle 23. *Menge der inkludierten Lösungsmittel in verschiedenen Kunststoffen nach zweitägigem Trocknen im Hochvakuum bei 20°.*

Produkt	Molekulargewicht	Inkludiertes Benzol in %	Inkludierter Tetrachlorkohlenstoff in %
1. Gruppe			
Polyäthylen	35.000	0,5	0,3
Buna	200.000	—	0,6
Kautschuk	200.000	—	0,6
Polyisobutylen	100.000	3,2	2,0
2. Gruppe			
Polystyrol	135.000	13	11
Polyvinylchlorid	100.000	15	20
Polymethacrylsäureester	180.000	28	32
Polyvinylacetat	120.000	42	30

Lineare Makromoleküle vermögen also eine gleichsam selektive Reaktionsfähigkeit zu entfalten, je nach ihrer gegenseitigen Entfernung und Lage. So sind hier ganz neue chemische Möglichkeiten gegeben im Zusammenwirken von Molekülgestalt und feinen räumlichen Verschiedenheiten. Ein räumlicher Faktor greift hier entscheidend ins chemische Geschehen ein. Dabei ist zu beachten, daß dieses Zusammenspiel an kleinsten Raum gebunden und nur in solchem möglich ist. Eine Sollösung, in der ein gelöstes Makromolekül frei beweglich ist und einen ungestörten Wirkungsbereich hat, kann diese Art von selektiver Reaktionsfähigkeit nicht ausüben; wohl aber ist eine solche bei linearen Makromolekülen möglich in den Übergangsstadien zwischen gelöstem (bzw. geschmolzenem) und festem Zustand, die gerade für die lebende Substanz so charakteristisch sind. Im festen Zustand schließlich spielen bei makromolekularen Stoffen topochemische Reaktionen eine große Rolle, wie im folgenden Abschnitt 5 ausgeführt ist. Die sich äußernden chemischen Eigenschaften eines Makromoleküls sind also nicht nur durch seine chemische Konstitution bedingt, sondern die Art und Weise des räumlichen Verbandes ist gegebenenfalls mitbestimmend dafür.

5. Makromoleküle im festen Zustand

a) Fester Zustand und Kristallbau

Der feste Zustand spielt in der makromolekularen Chemie eine große Rolle: während chemische Umsetzungen an niedermolekularen Stoffen meistens im flüssigen, gelösten oder gasförmigen Zustand vor sich gehen, laufen chemische Reaktionen bei makromolekularen Stoffen, besonders wenn sie unlöslich sind, vielfach im festen Zustand ab. Bei solchen topochemischen Reaktionen ist nicht nur die Natur der reaktionsfähigen Gruppen der Makromoleküle eines festen Stoffes maßgebend dafür, in welcher Weise sich letzterer mit niedermolekularen flüssigen, gelösten oder gasförmigen Verbindungen umsetzt, sondern der ganze Vorgang wird sehr wesentlich von der Molekülform und der übermolekularen Struktur des Stoffes bestimmt. So kann z. B. die Cellulose von Fasern durch Luftsauerstoff oder verdünnte Säuren und Oxydationsmittel abgebaut werden, ohne daß die Struktur der Faser, vor allem ihr fibrillärer Bau, hierbei verändert wird (M. STAUDINGER 1942 a, 1943). Desgleichen können die Fasern acetyliert oder nitriert werden, in ersterem Fall mehr oder weniger rasch, je nach etwa vorangegangener Inklusion (Tab. 22). Dabei bleibt trotz der tiefgreifenden Einwirkungen die Gesamtanlage des festen Stoffs erhalten. Diese topochemischen Reaktionen verlaufen bei einer Reihe von Fasern mit polymerhomologen Cellulosen polymeranalog.

Dieser feste Zustand kann bei makromolekularen Stoffen sehr mannigfaltig sein. Er wird naturgemäß sehr wesentlich durch die Molekülform bestimmt. Diese entscheidet auch darüber, ob — wie z. B. bei sehr regelmäßig gebauten Makromolekülen — Kristallisation eintritt oder nur eine mehr oder weniger ausgeprägte Nahordnung bzw. teilweise gittermäßige Ordnung der monomeren Reste, während sich bei kristallisierenden einheitlichen niedermolekularen Stoffen ein sehr regelmäßig aufgebauter fester Zustand ausbildet. Letzteres ist grundsätzlich auch dort möglich, wo sehr große, aber mehr oder weniger isodiametrische Teilchen vorliegen. Eine solche Ausbildung ist z. B. bei Virusteilchen von R. W. G. WYCKOFF beschrieben worden. Besonders schöne Bilder kristalliner Tafeln solcher Stoffe ergeben sich im Elektronenmikroskop mit Hilfe der Beschattungstechnik (R. W. G. WYCKOFF 1949).

Auch lineare Moleküle können kristalline Strukturen ausbilden: wie bereits A. MÜLLER und G. SHEARER nachwiesen, haben die Moleküle der normalen Fettsäuren und ihrer Derivate im kristallisierten Zustand fadenförmige Gestalt (A. MÜLLER u. G. SHEARER 1923; W. H. BRAGG 1926). Ein solches Kristallgitter ist also dadurch gekennzeichnet, daß Fadenmoleküle sich parallel lagern. Dies gilt für alle linearmakromolekularen Stoffe, und zwar unabhängig davon, wie lang ihre Makromoleküle sind. Auch ein Gemisch verschieden langer Makromoleküle kann also auf diese Weise kristallisieren (H. STAUDINGER, H. JOHNER u. R. SIGNER. G. MIE u. J. HENGSTENBERG 1927).

Da eine solche Kristallisation durch Parallellagerung zu Bündeln charakteristisch für lineare Makromoleküle ist, wurde ein derartiges Gitter als „Makromolekülgitter" bezeichnet (H. STAUDINGER u. R. SIGNER 1929). Es ist dadurch charakterisiert, daß seine röntgenographisch ermittelte Elementarzelle im Gegensatz zu den Verhältnissen bei niedermolekularen Stoffen kleiner ist als die Länge eines Fadenmoleküls, so daß letzteres sich durch eine Reihe von Elementarzellen hindurchzieht. Ein solcher Kristallbau aus kleinen Elementarzellen kommt dadurch zustande, daß schon kleine Bruchstücke der Fadenmoleküle das Prinzip des Kristalls aufweisen, indem sie eine periodisch wiederkehrende regelmäßige Anordnung der Atomgruppen ihrer Grundmoleküle zeigen. Diese sind in Richtung der Makromolekülachse durch normale Co-Valenzen, in den Richtungen senkrecht dazu durch die schwächeren Kräfte gebunden, die zur Ausbildung des Kristallgitters führen. Ein Makromolekülgitter weist also unterschiedliche Bindungsarten seiner Bausteine in den drei Dimensionen auf.

Die Eigenschaften eines solchen Makromolekülgitters sind zuerst am Polyoxymethylen festgestellt (vgl. die Zusammenfassung bei H. Staudinger 1932) und seither an zahlreichen linear-makromolekularen Substanzen studiert worden, besonders den natürlichen und synthetischen Faserstoffen. Beim Polyoxymethylen wurde festgestellt, daß bei den niederen Gliedern

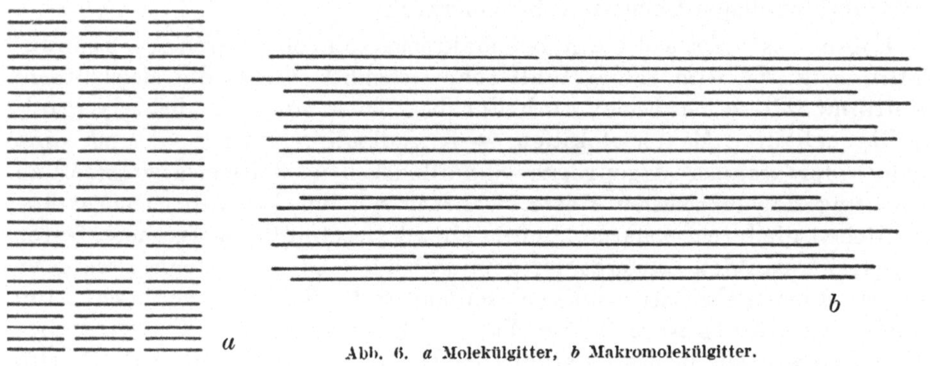

Abb. 6. *a* Molekülgitter, *b* Makromolekülgitter.

der polymerhomologen Reihe der Polyoxymethylendiacetate, welche einheitlich lange Moleküle besitzen, sich Molekülgitter ausbilden derart, daß die Moleküle sich parallel lagern und ihre Enden dabei in eine Ebene senkrecht zur Richtung der Kettenmoleküle kommen (Abb. 6 a). Bei solchen einheitlichen Stoffen läßt sich, ebenso wie bei einheitlichen niedermolekularen Paraffinen, die Moleküllänge röntgenographisch ermitteln. Bei hochmolekularen Gliedern einer polymerhomologen Reihe, insbesondere den unlöslichen Polyoxymethylenen läßt sich dagegen auf diesem Wege nur die Parallellagerung der Ketten (Abb. 6 b), nicht aber ihre Länge feststellen, die sich als unabhängig von derjenigen der Elementarzelle erwies.

Untersuchungen bei Faserstoffen ergeben, daß bei diesen einmal kristallisierte mit „röntgenamorphen" Anteilen abwechseln (vgl. dazu P. H. Hermans 1949) und weiter, daß diese Anteile ganz verschieden groß sein können. In der Regel ist bei nativen Cellulosefasern der kristallisierte Anteil viel höher als der nicht als kristallisiert definierbare: ersterer beträgt im Durchschnitt 70%. Bei regenerierten, umgefällten Cellulosen werden dagegen nur 40% als kristallisiert angegeben. Eine bessere Kristallisation bzw. überhaupt eine solche kann ferner erhalten werden durch Dehnen von Faserstoffen und besonders von Kautschuk. Bei letzterem, der gewöhnlich amorph ist, wurden im gedehnten Zustand 35% kristalliner Anteile gefunden (J. R. Katz 1925). Ein Makromolekülgitter kann also einen verschiedenen Ordnungsgrad aufweisen.

Bei linearen unverzweigten Makromolekülen, wie z. B. bei der Fasercellulose, ist es nicht wahrscheinlich, daß diese sogenannten amorphen Anteile eine grundsätzlich andere Bauart als die kristallisierten besitzen. Die Ergebnisse bei der Inklusion und über die Gleichmäßigkeit der Acetylierung inkludierter Cellulosefasern legen vielmehr die Vermutung nahe, daß hier nur insofern ein Unterschied vorliegt, als die Zahl der zu einem Kristallbereich angeordneten Fadenmoleküle in den amorphen Teilen zu gering ist, so daß sie sich mit der Röntgenmethode nicht erfassen läßt. Da sich ein und dasselbe Fadenmolekül der Cellulose durch mehrere Kristallbereiche und somit auch amorphe Regionen hindurchzieht, so ist ein grundsätzlich verschiedenes Verhalten einzelner Teile eines so regelmäßig gebauten linearen Makromoleküls nicht einzusehen. Wie man sich die Beschaffenheit eines Makromolekülgitters und seine Aufspaltung in verschieden dimensionierte Anteile vorstellen kann, zeigt das Schema von P. H. Hermans (Abb. 7) und ferner Aufnahmen von Faserstoffen im Elektronenmikroskop (Abb. 8), welche verschieden dicke Fibrillenbündel bis an die Grenze der Sichtbarkeit zeigen.

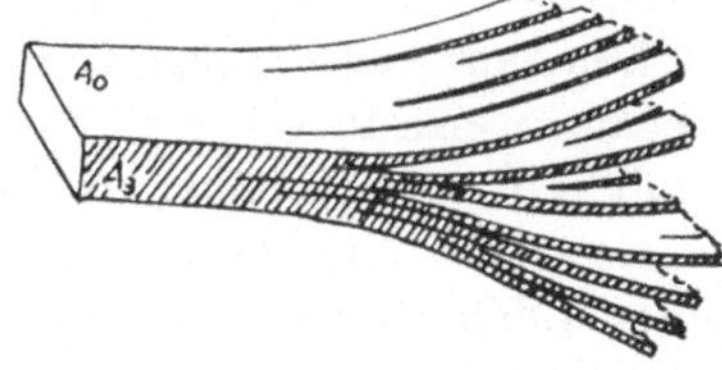

Abb. 7. Schema eines Kristalliten von Cellulosehydrat mit Übergängen in weniger geordnete Bereiche. Fläche A_0 = Oberfläche und bevorzugte Spaltfläche. Fläche A_3 = Seitenflächen.
(Nach P. H. Hermanns, 1949.)

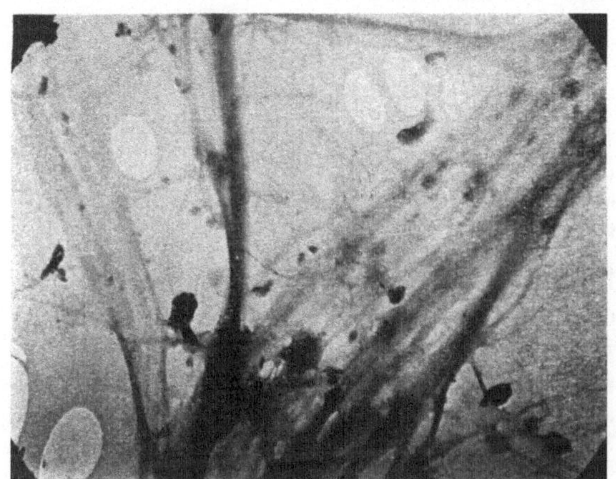

Abb. 8. Flachs, zwei Stunden gemahlen. Elektronenmikroskop, Vergr. 15.700 ×.
(Aufn. M. Staudinger, 1943.)

Der verschiedene Ordungsgrad innerhalb eines Makromolekülgitters ist sehr stark von seinen Bildungsbedingungen abhängig. Am besten geordnet sind langsam entstehende makromolekulare Stoffe, z. B. in einem allmählichen Wachstumsprozeß. Auch hiefür bildet das Polyoxymethylen eine anschauliche Modellsubstanz. Man kann ein solches gut kristallisiertes Polyoxymethylen, und zwar ein Dihydrat, erhalten, indem man die Polymerisation von Formaldehyd in wäßriger Lösung mit Schwefelsäure als Katalysator in der Kälte

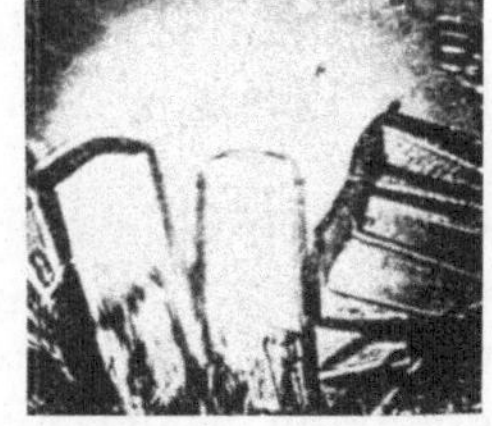

Abb. 9. Kristalle des Polyoxymethylendihydrats. Lichtmikroskop, Vergr. 200 ×.

ganz langsam während mehrerer Monate vor sich gehen läßt (vgl. dazu die Zusammenfassung bei H. Staudinger 1932. S. 118). Hierbei bilden sich Rosetten von großen. maximal bis zu 1 mm langen hexagonalen Prismen (Abb. 9) von außerordentlich hoher Doppelbrechung. Diese bestehen aus sehr langen linearen Makromolekülen. deren Endgruppen vorzugsweise in einer Ebene quer zur Längsrichtung liegen. Diese Fadenmoleküle werden aber nicht primär in Lösung gebildet. um sich dann abzuscheiden. sondern in letzterer befinden sich Moleküle des monomeren Formaldehyds resp. seines Hydrats. Mit der Bindung derselben im Polyoxymethylenkristall tritt in einer Richtung eine Verknüpfung der Atome durch normale Co-Valenzen unter Bildung eines Fadenmoleküls ein. In den beiden dazu senkrechten Richtungen erfolgt die Bindung durch Molekülgitterkräfte. Die Bildung der polymeren Moleküle erfolgt also gleichzeitig mit dem Kristallwachstum: beides geht Hand in Hand vor sich und kann als polymerisierende Kristallisation gekennzeichnet werden.

Eine derartige Entstehung ist auch für die native Cellulose anzunehmen: denn die Abscheidung schon fertiggestellter linearer Makromoleküle aus einer Lösung ergibt erstens immer nur Produkte mit einem viel kleineren kristallinen Anteil. zum zweiten ist das Operieren mit so langen linearen Makromolekülen schon aus Gründen einer erhöhten Viskosität für die Zelle ein zu schwieriges Unternehmen. Es ist entschieden einfacher. direkt in der Zellwand. also an Ort und Stelle, die Cellulose aus kleinen Molekülen aufzubauen. gleichzeitig als Makromolekül und als Wand (H. Staudinger u. R. Signer 1929).

Eine solche Bildung von Makromolekülen im festen Zustand läßt sich am Beispiel der Entstehung der Polyacrylsäure verfolgen. Polymerisiert man reine Acrylsäure. so ist die Flüssigkeit bald trüb. und es scheidet sich das Polymere als feste Masse ab, da es in der monomeren Acrylsäure unlöslich ist. Dabei können in der monomeren Acrylsäure nicht etwa zuerst größere Moleküle polymerer Säure entstanden sein, die allmählich **zur** Ausscheidung kommen: denn gelöste Fadenmoleküle würden eine Viskositätserhöhung der Acrylsäure hervorrufen. Es ist aber — auch wenn der Polymerisationsprozeß fortgeschritten ist — neben der unlöslichen. polymeren Acrylsäure die noch vorhandene monomere Acrylsäure niederviskos. Sie kann also keine langen Fadenmoleküle enthalten: denn bereits ein Gehalt von etwa 0.1% dieser sehr langen Moleküle würde in einer Viskositätserhöhung der monomeren Acrylsäure zu erkennen sein. Im Gegensatz dazu verläuft die Polymerisation des Styrols ganz anders. Hierbei wird beim Übergang von Styrol in Polystyrol das Monomere allmählich hochviskos. da letzteres im ersteren löslich ist: es erstarrt schließlich zu einer Gallerte. welche eine Quellung von Polystyrol im Monomeren darstellt (vgl. dazu die Zusammenfassung bei H. Staudinger 1932. S. 112). Es sind also die beiden Bildungsmöglichkeiten gegeben: die Entstehung eines Keimes. der dann weiter wächst. so daß sich hierbei Makromoleküle im festen Zustand bilden. und die Entstehung eines Makromoleküls in Lösung mit erst nachträglicher Ausscheidung daraus.

Der regelmäßige Aufbau eines Polyoxymethylendihydratkristalls aus langen Fadenmolekülen zeigt sich bei näherer Untersuchung. Bei mechanischer Beanspruchung splittert derselbe fibrillär auf, hat also den typischen Aufbau einer Faser (Abb. 10); auch gibt er das Röntgendiagramm einer solchen. Das Polyoxymethylen ist zuerst die erste vollsynthetische Faser. An ihr konnte ein linearmakromolekularer Bau als das Prinzip des Faserbaues nachgewiesen werden, woraus sich wichtige Schlüsse auf den Bau der Cellulose ergaben (H. STAUDINGER, H. JOHNER u. R. SIGNER, G. MIE u. J. HENGSTENBERG 1927).

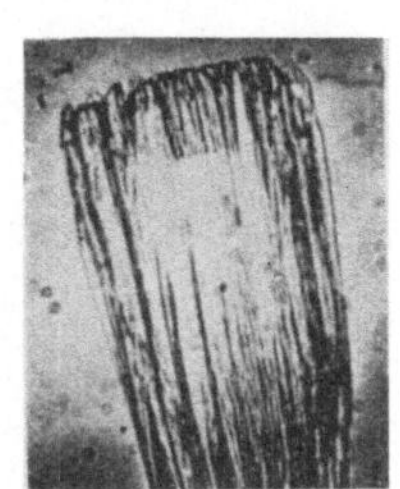

Abb. 10. Fibrilläre Druckaufsplitterung eines Kristalls von Polyoxymethylendihydrat. Lichtmikroskop, Vergr. 200

Besonders interessant ist das Verhalten dieser Faserkristalle gegenüber verschiedenen Reagenzien. Schwefelsäure baut das Polyoxymethylen ab, indem sie die acetalartigen Bindungen in der Kette überall angreift. Dadurch resultieren meist längliche, aber ganz verschieden große Bruchstücke, die sich schließlich völlig auflösen (Abb. 11). Im Gegensatz dazu vermag Natronlauge die acetalartigen Bindungen der Kette nicht anzugreifen, sondern nur die halbacetalartigen-OCH$_2$OH-Bindungen, also die Endgruppen dieser Makromoleküle. Sowohl licht- wie ultraviolett- und elektronenmikroskopische Bilder zeigen (Abb 12 a, b, c), daß bei diesem Vorgang die prismatischen Kristalle eine Querstreifung erhalten, wobei diese Querstreifen sich immer mehr vertiefen, so daß der Kristall sozusagen in Scheiben geschnitten wird. Daraus ist zu schließen, daß die Endgruppen der Makromoleküle in dem Kristall ziemlich gleichmäßig in einer Ebene liegen müssen, von wo aus der Abbau dann einzusetzen vermag. Durch das langsame Wachstum des Kristalls vermag sich also hier ein polymereinheitlicher — vielleicht sogar ein einheitlicher — makromolekularer Stoff auszubilden. In gleicher Weise kann angenommen werden, daß die Cellulose einer Pflanze ebenfalls einheitlich ist, während alle im

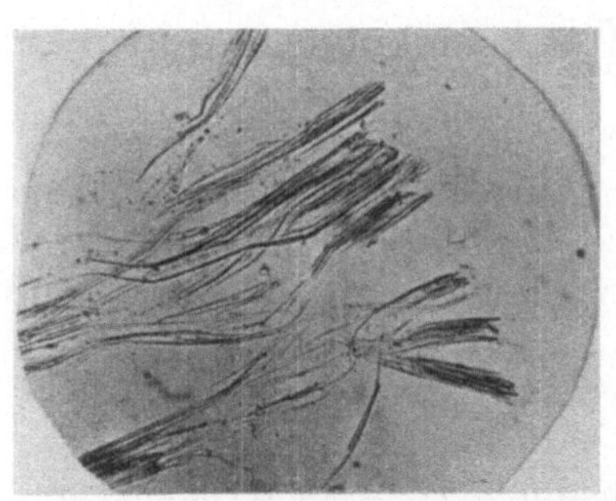

Abb. 11. Abbau von Kristallen des Polyoxymethylendihydrats in 60 %iger Schwefelsäure. Lichtmikroskop, Vergr. 200 : .

Laboratorium in Lösung, Emulsion usw. gebildeten makromolekularen Stoffe sowie die beim Abbau von Naturstoffen entstehenden nur polymolekulare Produkte ergeben.

Hat man es mit schmelzbaren makromolekularen Produkten zu tun, wie Polyestern oder Polyamiden, so erhält man beim Auskristallisieren der Schmelze häufig Sphärokristalle, die des öfteren — wohl infolge der Polymolekularität dieser Stoffe — auch gedrillt sind. In den „Strahlen" der Sphärokristalle liegen die linearen Makromoleküle meist senkrecht zum Radius des Sphärokristalls; denn diese Strahlen sind die bevorzugte Wachstumsrichtung, in welcher die Parallellagerung der linearen Makromoleküle erfolgt. Die Größe und Zahl der Sphärokristalle, also Häu-

fungs- und Ordnungsgeschwindigkeit. ist dabei eine Funktion des Polymerisationsgrades: die Sphärokristalle sind um so größer. je niedriger der Polymerisationsgrad. und um so
kleiner und zahlreicher. je höher

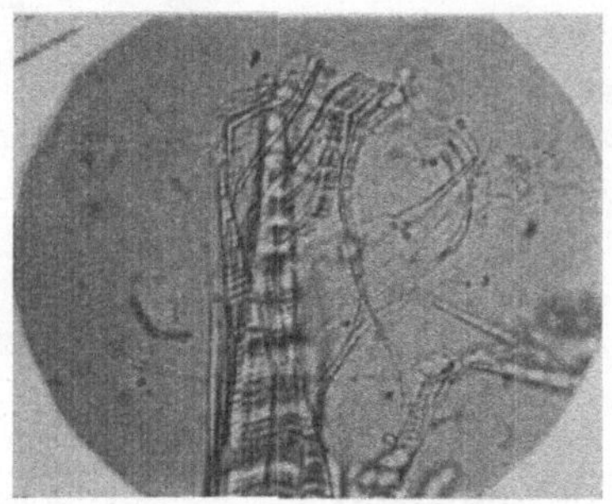

Abb. 12 a. Lichtmikroskop.. Vergr. 200 -

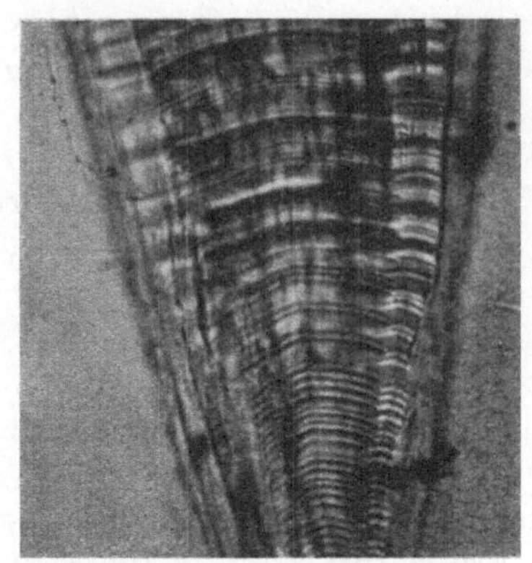

Abb. 12 b. Ultraviolett-Mikroskop.
Magnesiumlicht. Vergr. 840 - .

Abb. 12 c. Elektronenmikroskop, Vergr. 50.000 -..
(Aufn. v. ARDENNE-BEISCHER 1940.)

Abb. 12 a. b. c.   Abbau von Kristallen des Polyoxy-
methylendihydrates in 2,5 norm. Natronlauge.

der Polymerisationsgrad ist (H. STAUDINGER. M. STAUDINGER u. E. SAUTER 1937).

b) Übermolekulare Strukturen

Sowohl Größe und Gestalt der Makromoleküle als auch ihre spezielle Architektonik bestimmen sehr wesentlich die aus ihnen erstellten übermolekularen Strukturen. Dies ist selbstverständlich. wenn man bedenkt. welche Dimension z. B. die Makromoleküle der pflanzlichen Gerüstsubstanz der Cellulose aufweisen. Ein Cellulosemakromolekül vom Polymerisationsgrad 3000 ist etwa 1.5 μ lang. reicht also mit seiner Längendimension weit ins licht-

mikroskopisch sichtbare Gebiet hinein. Man kann trotzdem dieses Makromolekül nicht sehen. auch nicht im Elektronenmikroskop. da sein Durchmesser nur etwa dem eines Glukoserestes entspricht und mithin mikromolekular ist. Dagegen sind kugelförmige Glycogene. Makromoleküle vom Polymerisationsgrad 9000 im Elektronenmikroskop gut sichtbar (Abb. 13). da für Teilchen dieses Durchmessers das Auflösungsvermögen des Elektronenmikroskops ausreicht (E. HUSEMANN. H. RUSKA 1940). Bei linearen Makromolekülen sind dagegen erst die von ihnen gebildeten übermolekularen Strukturen im Elektronenmikroskop sichtbar (Abb. 8). Dabei sind hier verschiedene Strukturen möglich, von denen z. B. bei der Cellulose die Faserstruktur mit axialer Anordnung der linearen Makromoleküle, die tangentiale Ring- und Spiralstruktur der pflanzlichen Gefäßversteifungen und die unregelmäßig gestreute Struktur der Zellwände des Parenchyms bekannt sind (A. Frey-Wyssling 1935; M. Staudinger 1943).

Von allen übermolekularen Strukturen der Makromoleküle ist die Faserstruktur der Cellulose die am meisten untersuchte. Seit am Beispiel des Polyoxymethylens das Prinzip des Aufbaus einer Faser erkannt wurde, sind auf Grund dieser Kenntnis zahlreiche vollsynthetische Faserstoffe hergestellt worden (vgl. W. H. Carothers 1929). Dabei können nach allen bisherigen Erfahrungen Fasern nur aus linearen Makromolekülen gewonnen werden, diese sind ihr primärer Baustein.

Die übermolekulare Struktur solcher Makromoleküle sind Fibrillen (M. Staudinger 1942 a). Diese können einen ganz verschiedenen Durchmesser haben, wie dies mikroskopische Untersuchungen im Licht-, Ultraviolett- und Elektronenmikroskop zeigen. Innerhalb solcher Fi-

Abb. 13. Moleküle des p-Jodbenzoylglycogens. Elektronenmikroskop, Vergr. 28.000 ×.
(Aufn. Husemann-Ruska, 1940.)

brillen können die linearen Makromoleküle Makromolekülgitter verschiedenen Ordnungsgrades ausbilden. Die Fibrillenzüge bilden dann in gerader oder spiraliger Anordnung die Fasersubstanz.

Die Frage, wie lang lineare Makromoleküle sein müssen, um Fibrillen und damit Fasern bilden zu können, wurde zuerst an der polymerhomologen Reihe der Polyäthylenoxyde (H. Staudinger, M. Staudinger, E. Sauter 1937) und dann an Polyestern (H. Batzer 1950, 1953) untersucht. Bei den Polyäthylenoxyden zeigte es sich, daß die hochmolekularen Vertreter der Reihe von einem Polymerisationsgrad über 1000 beim Verformen Fasern mit einem sehr typischen fibrillären Bau ergeben. Vertreter von einem Polymerisationsgrad von 270 bis 520 ergeben nur kurze Fibrillen von geringer Festigkeit, während ein niedermolekulares Produkt vom Polymerisationsgrad 55 beim Versuch einer Verformung zerfällt.

Wie dies im einzelnen vor sich geht, zeigte die Untersuchung der auskristallisierenden Schmelzen dieser Produkte. Das Polyäthylenoxyd kristallisiert hierbei in Sphärokristallen. So könnte man annehmen, beim Versuch, daraus Fasern herzustellen, daß die langen Nadeln der Sphärokristalle sich zu den Faserfibrillen zusammenlagern. Dies ist nicht der Fall (M. Staudinger bei H. Staudinger 1947), sondern es erfolgt ein völliger Umbau der ursprünglichen „Strahlen" der Sphärokristalle zu Fibrillen, indem erstere völlig zergleiten. und zwar entlang den Achsen der linearen Makromoleküle. welche senkrecht zur Achse der „Strahlen" angeordnet sind. Auch dieser Vorgang ist zudem vom Molekulargewicht abhängig: es gibt um so besser ausgebildete und um so längere Fibrillen. je höher das Molekulargewicht ist. Da es bei diesem Prozeß nur eine Gleitrichtung geben kann. nämlich die entlang der Fadenmolekülachse. richten sich die übermolekularen Gebilde — die Kristalle der Schmelze — danach. ganz gleich. welche Form immer die Kristalle haben. Die gleichen Erscheinungen findet man bei Polyoxyundecansäure.

Formel 8:

Formel der Polyoxyundecansäure

$$HO - (CH_2)_{10} - \underset{\underset{O}{\|}}{C} - \left[O - (CH_2)_{10} - \underset{\underset{O}{\|}}{C} \right]_x - O - (CH_2)_{10} - COOH$$

Stellt man hier Schmelzen her und läßt diese auskristallisieren. während man sie in Bewegung versetzt. so kristallisiert das niederstmolekulare Produkt vom Molekulargewicht 730 während des Verschiebens in genau denselben länglichen Kriställchen aus wie die ruhende Schmelze. Etwa am Rande durch das Verschieben entstehende Fortsätze der Schmelze sehen nach dem Erstarren genau so aus wie die übrige Masse. Dieses Produkt vermag auch nicht andeutungsweise einen Faden zu bilden (Abb. 14).

Die höhermolekularen Produkte geben bei dieser Operation Streifen in der erstarrenden Schmelze. wobei die feinen spindelförmigen Kriställchen dieses Stoffes sich mit ihren Längsachsen senkrecht zur Schubrichtung orientieren. Da sie negativ doppelbrechend sind (n_α in der Längsrichtung). so entsteht auf diese Weise ein optisch positiver Streifen (Abb. 15).

Mit steigendem Molekulargewicht wird die Schmelze immer zäher. Durch die Verschiebung erfolgt eine Orientierung der Teilchen in der Schmelze noch vor Erreichung des festen Zustandes. Die Schmelze zieht schon von selber Fäden (Abb. 16). Im Elektronenmikroskop ist am Bruchstück einer Faser eine gut ausgebildete Faserstruktur zu sehen (Abb. 17).

Die Höhe des Polymerisationsgrads linearer Makromoleküle. bei denen noch Fasern gebildet werden. hängt außerdem noch von den zwischenmolekularen Kräften der Stoffe ab. So sind z. B. Polyamide leichter faserbildend als Polyester (H. Batzer 1930).

Diese Gleitprozesse können für ähnliche Vorgänge im Zellgeschehen. z. B. bestimmte Wachstumsprozesse als Modelle dienen.

Geht man auf der Suche nach den Bedingungen für einen fibrillären Bau in umgekehrter Richtung vor. d. h. stellt man eine polymerhomologe Reihe nicht durch stufenweise Polymerisation. sondern durch Abbau einer makromolekularen Substanz her. so ergibt sich ein anderes Bild. Baut man z. B. native Cellulosefasern hydrolytisch ab. so zeigen sich an solchen Fasern mit zunehmendem Abbau immer mehr Querspalten (Abb. 18). bis schließlich die Fasern so brüchig werden, daß sie zerfallen. Aber auch noch kleine Bruchstücke nativer Fasern zeigen den charakteristischen fibrillären Bau

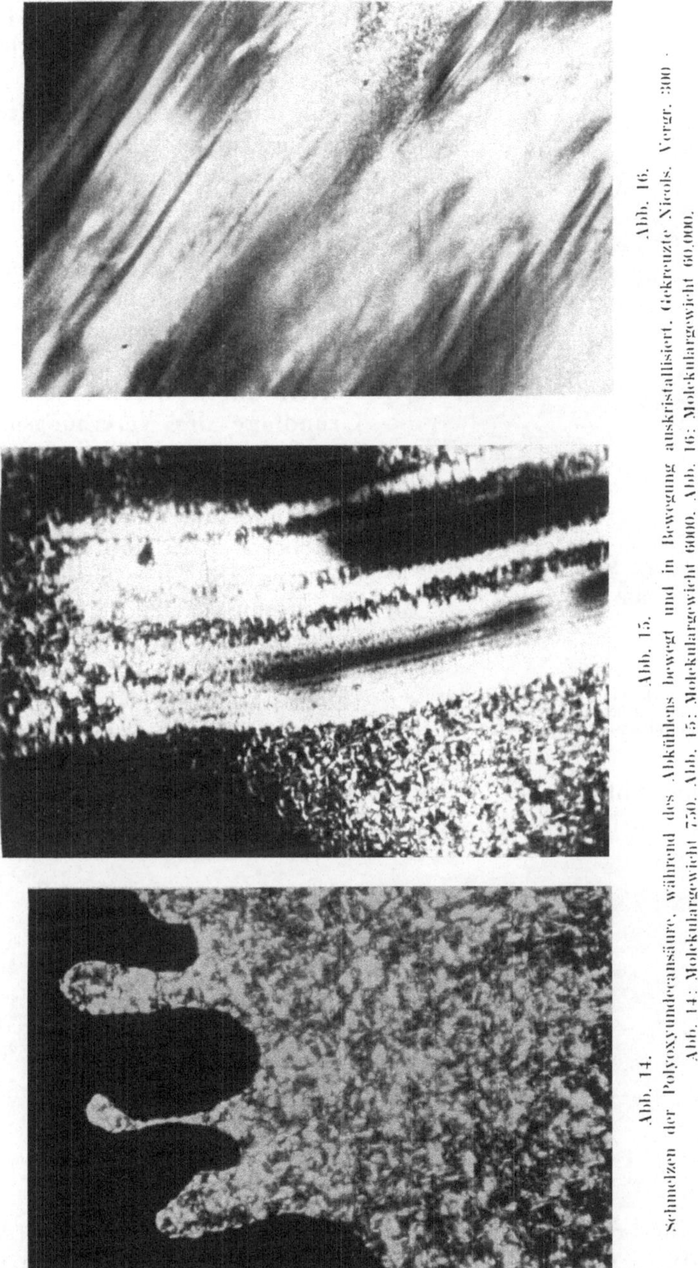

Abb. 14.   Abb. 15.   Abb. 16.

Schmelzen der Polyoxyundecansäure, während des Abkühlens bewegt und in Bewegung auskristallisiert. Gekreuzte Nicols. Vergr. 300. Abb. 14: Molekulargewicht 750. Abb. 15: Molekulargewicht 6000. Abb. 16: Molekulargewicht 60.000.

(M. STAUDINGER 1942) und die Textur der Ausgangssubstanzen (E. PLÖTZE 1939, 1940). Ein solcher wurde sogar noch an Bruchstücken von Flachsfasern aus einer Mumienbinde aufgefunden. deren ungefähr 4000 Jahre alte Cellulose einen Polymerisationsgrad von etwa 130 hatte und bereits sehr brüchig war (H. Staudinger und F. Reinecke 1939).

Dieses einfache Beispiel zeigt. daß eine einmal geschaffene makromolekulare Struktur von außerordentlich großer Stabilität ist (M. Staudinger 1942). Sie bleibt auch dann noch erhalten. wenn die sie zusammensetzenden Makromoleküle stark abgebaut sind: sie geht erst beim Auflösen ihrer Substanz verloren.

Einer solch großen Stabilität begegnet man auch bei den höchstkomplizierten makromolekularen Substanzen. wie z. B. bei der Desoxyribonucleinsäure. deren Stabilität die Grundlage des Vererbungsmechanismus ist.

Die native Cellulose weist in ihrem übermolekularen Verband speziell bei Fasern noch weitere Strukturen auf. So ist z. B. wesentlich für ihre Eigenschaften, daß in der Cellulosekette nach etwa 500 Glukoseresten eine andere Gruppe eingebaut ist (E. Husemann und G. V. Schulz 1942). Diese ist dadurch gekennzeichnet. daß an dieser Stelle das Cellulosemakromolekül beim Abbau ganz besonders leicht gespalten wird. Diese schwächeren Stellen sind im übermolekularen Verband in auffallend gleichmäßiger

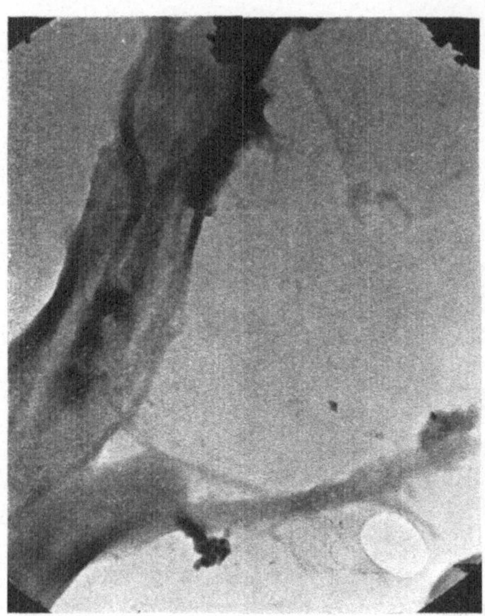

Abb. 17. Bruchstück einer Faser aus Polyoxyundecansäure vom Molekulargewicht 60.000 im Elektronenmikroskop. Vergr. 15.200×.

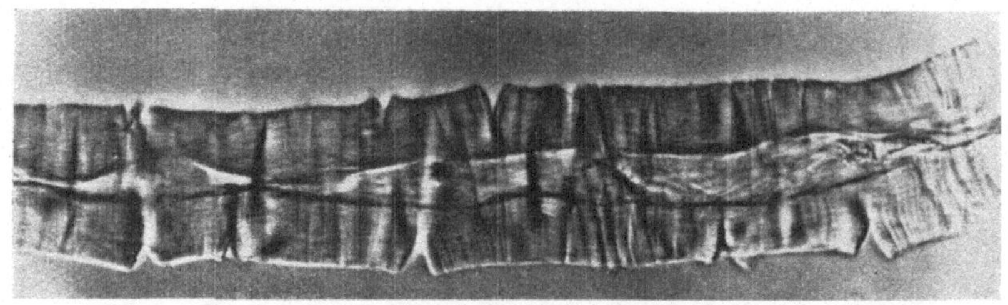

Abb. 18. Abgebaute Baumwollfaser vom *DP* 340, in Schweizers Reagens angequollen. Lichtmikroskop. Vergr. 380×.

Weise. in einer Art Langperiodengitter. übereinander geordnet (Abb. 19). was wohl durch den Wachstumsprozeß zustande kommt. ähnlich wie dies beim Polyoxymethylendihydrat mit den Endgruppen seiner Makromoleküle der Fall ist. Beim hydrolytischen Abbau werden an diesen Stellen die Celluloseketten zuerst angegriffen: da sie übereinander liegen. wird die

Faser bzw. ein Fibrillenzug an dieser Stelle gleichsam durchschnitten, was sich im licht- und elektronenmikroskopischen Bild in Form der oben er-

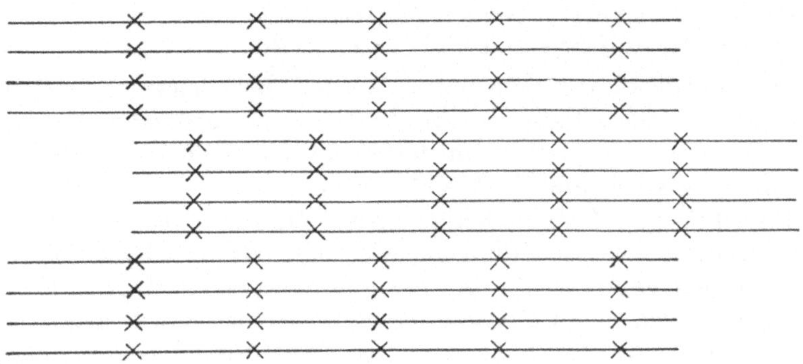

Abb. 19. Langperiodengitter der Cellulose.

wähnten Querspalten äußert. Das elektronenmikroskopische Bild zeigt dabei Bruchstücke von Fibrillen, welche bevorzugt etwa 2500 Å lang sind, was einer Länge von 500 Glucoseresten im ursprünglichen Verband der Cellulosemakromoleküle entspricht (E. Husemann und A. Carnap 1944). Das Diagramm Abb. 20 zeigt diese gleichmäßige Spaltung.

Dieses Langperiodengitter der nativen Cellulosefaser wird durch das Auflösen der Cellulose vernichtet. Bei regenerierten Cellulosefasern ist es nicht mehr anzutreffen und die für den Abbau nativer Fasern so charakteristischen Spalten finden sich daher hier nicht. Die schneller spaltenden Gruppen der Celluloseketten erfahren bei der raschen Entstehung solcher Fasern im Fällbad eine statistische Verteilung innerhalb der Fasern (Abb. 21). Letztere weisen auch einen viel geringeren Anteil an kristallisierten Anteilen — und zwar, wie gesagt, nur 40% — als die native Faser

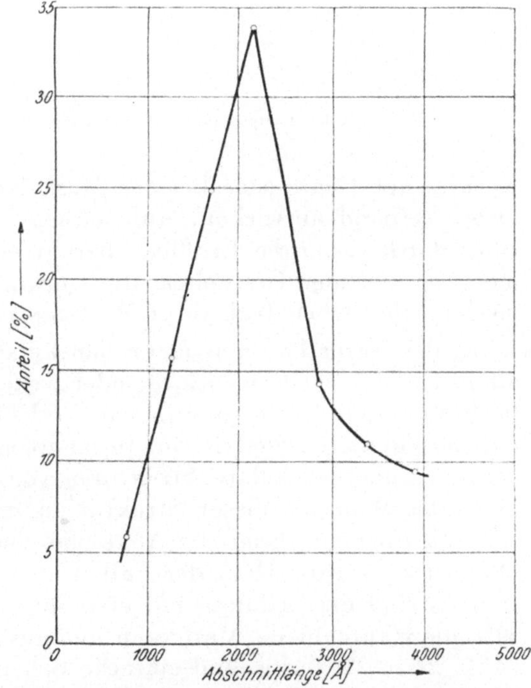

Abb. 20. Häufigkeitsverteilung der Abschnittlängen einer 16 Tage mit 3n-HCl bei 60° abgebauten Baumwollcellulose vom $DP = 150$.

auf. Sie haben ferner in der Regel einen viel gröberen fibrillären Bau als diese. Beim Abbau zerfallen sie unregelmäßig.

Eine besonders im Elektronenmikroskop gut sichtbare übermolekulare Struktur mit regelmäßigen Perioden ist auch bei anderen linearmakromolekularen Substanzen bekannt, wie z. B. beim Kollagen (C. E. Hall. M. A. Jakus. F. O. Schmitt 1942; C. Wolpers 1944) oder den Proteinen der Muskelfibrillen (M. A. Jakus und C. E. Hall 1946).

Linearmakromolekulare Substanzen werden bevorzugt für Gerüstsubstanzen in der lebenden Natur verwandt; dagegen werden zu Zwecken des Stofftransportes an den Stellen. an denen Makromoleküle hierzu benötigt werden, aber eine allzu hohe Viskosität vermieden werden muß, mehr oder weniger kugelförmige Makromoleküle verwandt. wie z. B. bei den Serumproteinen. Schließlich kann auch von den Möglichkeiten der Gestaltsänderung bei Makromolekülen Gebrauch gemacht werden. und zwar sowohl in Lösung wie im festen Zustand. die z. B. bei Proteinen durch pH-Änderung des Milieus bewirkt werden können und sich im festen Zustand. z. B. beim

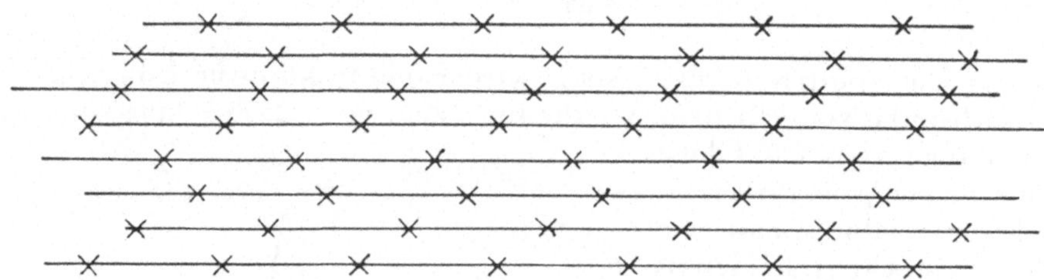

Abb. 21. Statistische Auflösung des Langperiodengitters der Cellulose.

Keratin der Haare oder bei der Muskelkontraktion, auf den übermolekularen Verband auswirken. Auf solchen Möglichkeiten einer Gestaltsänderung durch chemische Einflüsse beruht eines der merkwürdigsten Phänomene im lebenden Geschehen: die Umwandlung von chemischer Energie in mechanische Arbeit (vgl. dazu W. Kuhn und B. Hargitay 1951).

In der Natur kommen makromolekulare Substanzen in der Regel nicht allein für sich. sondern in mehr oder weniger festen. zumindest aber immer in bestimmter Weise geordneten Verbänden mit anderen makro- oder mikromolekularen Stoffen vor. In manchen günstigen Fällen ist es möglich. derartige übermolekulare Strukturen von Mischstoffen in ihre Komponenten unter Wahrung dieser Struktur zu zerlegen und sich auf diese Weise ein Bild über die chemische Anatomie eines solchen Produktes zu machen. Dies ist z. B. beim Holz der Fall. Unter den es zusammensetzenden Substanzen sind die Cellulose mit etwa 40% und das Lignin mit etwa 20 bis 30% die Hauptanteile. Man kann nun aus dem Holz verschiedener Pflanzen (Abb. 22 u. 25) durch eine einfache Behandlung mit Lösungsmitteln unter Wahrung seiner Struktur einmal das Lignin entfernen. so daß die Cellulose erhalten bleibt (Abb. 24 u. 27). und das andere Mal die Cellulose herauslösen. so daß das Ligningerüst als solches zurückbleibt (Abb. 23 u. 26) (K. Freudenberg 1933). Es zeigt sich hierbei. daß diese beiden Hauptsubstanzen in den verschiedenen Hölzern in verschiedener Weise angeordnet sind (M. STAUDINGER 1942 b: M. STAUDINGER bei H. STAUDINGER 1947). Bei Nadelhölzern bildet das Lignin nicht nur die Mittellamelle, sondern durch-

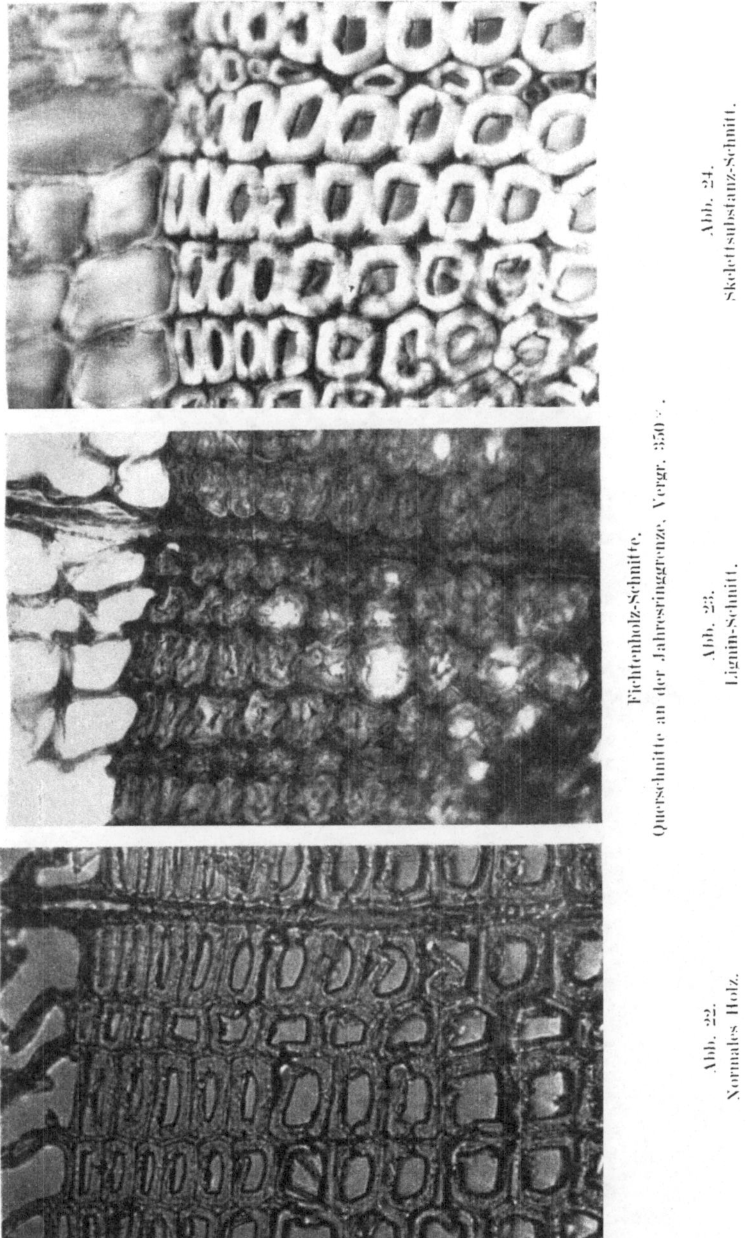

Fichtenholz-Schnitte.
Querschnitte an der Jahresringgrenze. Vergr. 350×.

Abb. 22.
Normales Holz.

Abb. 23.
Lignin-Schnitt.

Abb. 24.
Skelettsubstanz-Schnitt.

dringt auch die Zellwände der Tracheiden usw. Wenn die Cellulose herausgelöst ist, erhält man ein gegenüber der ursprünglichen Dimension etwas geschrumpftes Bild der Zellen, das im übrigen mit dem Ausgangszustand fast identisch ist.

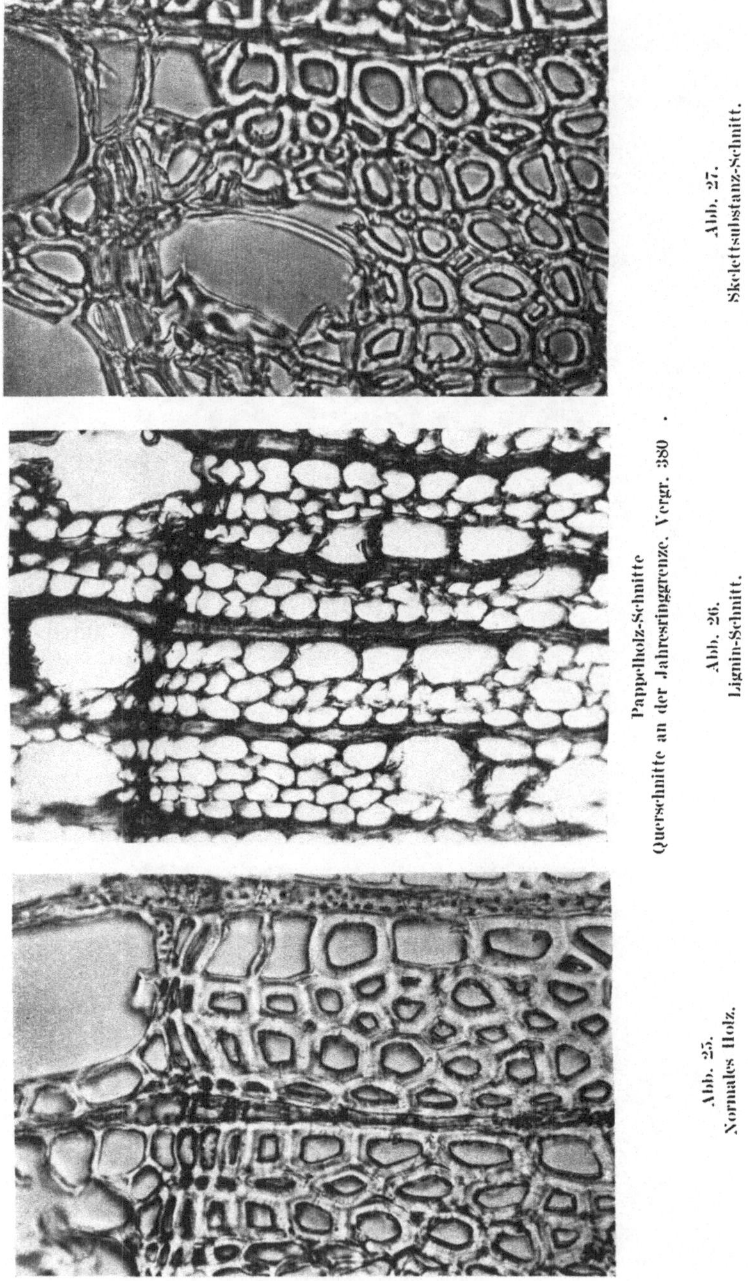

Abb. 27.
Skelettsubstanz-Schnitt.

Pappelholz-Schnitte
Querschnitte an der Jahresringgrenze. Vergr. 380.

Abb. 26.
Lignin-Schnitt.

Abb. 25.
Normales Holz.

Bei den Laubhölzern dagegen sitzt das Lignin bevorzugt in der Mittellamelle. Ist die Cellulose hier herausgelöst, so erhält man ein sehr dünnwandiges Gerüst von Ligninzellen, deren Durchmesser ebenfalls ein wenig gegenüber dem ursprünglichen Zustand geschrumpft ist.

Die linearmakromolekulare Cellulose ist also im buchstäblichen Sinne des Wortes die Skelettsubstanz des Holzes, Träger seiner Struktur.

Eine derartige morphologische Analyse der Bestandteile eines Zellproduktes ist leider nur selten möglich. Meist kann nur jede Komponente für sich gewonnen werden, und ihre ursprüngliche Zusammensetzung mit anderen Substanzen ergibt sich nur aus Rückschlüssen. Es darf aber wohl als gesichert betrachtet werden, daß ebenso wie in den pflanzlichen Zellwänden oder den tierischen Skeletten und ähnlichen Gerüstsubstanzen **lineare Makromoleküle die Träger der spezifischen Strukturen sind**, dies gleichfalls für die geformten Bestandteile des Zellinhalts gilt, also des Protoplasmas (vgl. dazu F. E. Lehmann 1951, 1952) und besonders des Zellkerns. Daß in letzterem in besonderem Maße die linearmakromolekulare Nucleinsäure eine solche Rolle spielt, erhellt aus der Tatsache, daß diese der für die Vererbung wesentlichste Bestandteil ist (A. Butenandt 1953). Dabei kommt es aber nicht nur auf die Spezifität einer solchen Trägersubstanz an, sondern auch sehr genau auf ihre Verteilung und Lage innerhalb ihres Aktionsbereiches. **Neben der reinen Chemie im Sinne der Kekuléschen Strukturlehre spielt also im Gebiet der Makromoleküle die Morphologie eine große Rolle**, welche bisher als besonderes, wenn nicht ausschließliches Reservat der Lehre vom Leben galt.

6. Makromoleküle und lebende Substanz

Die Prinzipien des Aufbaues der Substanzen des Lebendigen waren in früherer Zeit schwer zu formulieren: denn man hatte den erstaunlich differenzierten Bestandteilen der Zelle, deren Strukturen mit der Entwicklung der Mikroskopie sich als immer noch komplizierter herausstellten, seitens der Chemie nichts entgegenzusetzen als nur die Kenntnis relativ kleiner Moleküle. Diese aber sind der Brownschen Bewegung unterworfen: sie diffundieren leicht auseinander und vermögen, außer im Kristall, nur schwer einen geordneten Zustand über längere Zeit hin festzuhalten. Makromoleküle waren aber früher noch nicht bekannt: das höchstmolekulare, durch schrittweise Synthese hergestellte Molekül hatte, wie erwähnt, ein Molekulargewicht von 4021 (Abschnitt 5 b). Nach Emil Fischers (1913) Annahme sollten die Proteine eher noch niedrigere Molekulargewichte besitzen. Stoffe mit Molekülen dieser Größe haben aber noch keineswegs solche Eigenschaften, wie sie die Stoffe der Zellbestandteile aufweisen. Es war daher geradezu von zwingender Notwendigkeit, nach irgendwelchen Bestandteilen der Substanz zu suchen, die größenordnungsmäßig als Zwischenstufen gelten und für die notwendige Ordnung und Stabilität des lebendigen Geschehens verantwortlich gemacht werden könnten. So wurden seitens der Biologen zahlreiche solche Einheiten postuliert, wie Bioblasten, Protomeren, Biophoren, Plasome usw. O. Hertwig (1923, S. 63) charakterisierte sie folgendermaßen:

„Wie Pflanzen und Tiere sich in Milliarden und aber Milliarden von Zellen zerlegen lassen, so ist die Zelle selbst wieder aus sehr zahlreichen elementaren Lebenseinheiten aufgebaut, die unter dem mikroskopisch Sichtbaren liegen, voneinander chemisch verschieden sind, hier das Protoplasma und seine zahlreichen Differenzierungsprodukte, dort der Kern, die Kernmembran, die Chromosomen, die Trophoplasten usw. bilden und dabei als integrierte Teile eines Organismus in organischen Beziehungen zueinander stehen. Wie die Physik und die Chemie auf die Atome zurückgehen, so haben die biologischen Wissenschaften zu diesen Einheiten durchzudringen, um aus ihren Verbindungen die Erscheinungen der lebenden Welt zu erklären.“

Solche Bioblasten sind Teilchen,

„die unter der Grenze (licht)mikroskopischer Sichtbarkeit liegen, dabei aber von den Atomen und Molekülen der Chemie und Physik durch Lebenseigenschaften (Assimilation, Wachstum und Vermehrung durch Teilung) streng unterschieden sind.“

Während diese Einheiten über ihr rein theoretisches Dasein nicht hinausgekommen sind, übernahm es C. Nägeli, eine übermolekulare Einheit mit besser definierbaren Eigenschaften zu schaffen (C. Nägeli 1877). Er versuchte bekanntlich, auffallende Eigenschaften der lebenden Körper, wie z. B. ihr Quellungsvermögen, dadurch zu erklären, daß er Gruppen von Molekülen zu höheren Einheiten, den Micellen, zusammentreten ließ. Im Verhältnis zum Molekül besitzt das Micell eine beträchtliche, wenn auch jenseits der Grenze mikroskopischer Wahrnehmung liegende Größe und kann nicht bloß aus 100, sondern aus vielen Tausenden von Molekülen aufgebaut sein. Nägeli schreibt den Micellen einen kristallinischen Bau zu, gestützt auf die Erscheinungen der Doppelbrechung, welche solche organisierte Körper, wie Cellulosemembranen, Stärke, Muskelsubstanz und auch das Protoplasma im polarisierten Licht zeigen. Er gibt ferner an, daß die äußere Gestalt der Micellen alle möglichen Formen zeigen kann, wie auch ihre Größe eine sehr verschiedene sein dürfte.

Diese Vorstellungen wurden erneut in den zwanziger Jahren aufgegriffen und mit Hilfe röntgenographisch ermittelter Daten versucht, diesen Micellen eine greifbare Gestalt zu geben. So wurde schließlich von K. H. Meyer und H. Mark (1928) angenommen, nachdem die Existenz von Makromolekülen bereits nachgewiesen war, daß diese Micellen sich aus Bündeln von Hauptvalenzketten zusammensetzen und aus diesen dann die verschiedenen Stoffe aufgebaut seien.

Die makromolekulare Chemie vermag heute in Gestalt ihrer so großen Moleküle von ganz verschiedenen Formen und der Fähigkeit, diese Form unter Umständen auch verändern zu können, diejenigen Einheiten zu liefern, die nach obigen Zitaten für das Verständnis der Eigenschaften des lebendigen Substrates notwendig sind. Seit dem Nachweis der Existenz der Makromoleküle hat sich im Laufe der letzten Jahrzehnte die Kenntnis dieses Gebietes sehr vertieft. Vor allem hat sich ergeben, daß eine ganze Reihe von Eigenschaften der lebenden Substanz: kolloide Natur bzw. eine Beschaffenheit zwischen flüssigem und festem Zustand, wechselnde Viskosität, Quellung, Elastizität und vor allem die eigentümliche Verbindung sehr großer Stabilität mit mannigfacher Reaktionsfähigkeit typisch makromolekulare Eigenschaften sind. Die Annahme besonderer Micellen oder anderer Einheiten, die gerade solche Eigenschaften haben sollten, hat sich dadurch als überflüssig erwiesen. Sowohl mit ihren Dimensionen als auch mit ihrer Wesensart bilden die Makromoleküle den Übergang von den niedermolekularen Verbindungen zu den strengen Strukturen der lebenden Zelle: sie wachsen ganz gesetzmäßig aus der niedermolekularen organischen Chemie heraus — und bilden dann mit ihren Eigenschaften, die aus ihrer Größe wie aus ihrer Form resultieren, die chemischen Grundlagen für Assimilation, Wachstum und Teilung der Zellen.

Auf der anderen Seite sind aber Makromoleküle keineswegs „Bioblasten" oder „Molekülbionten" oder sonstige letzte unteilbare lebendige Einheiten. Ein Makromolekül, und wäre es noch so groß, kann für sich allein nicht „lebendig" sein; es kann weder assimilieren noch sich vermehren, sondern dazu gehört eine ganze Menge Substanz mikro- wie makromolekularer Natur, wie bereits das Beispiel der Viren lehrt. Letztere sind zum Teil übermolekulare Einheiten, aber ohne die Substanz und Energiequellen des Wirtsorganismus sind sie trotzdem nur eine Substanz:

„.... nicht das Virus vermehrt sich, sondern aus Anteilen des infizierenden Virusteilchens und Anteilen einer voll funktionstüchtigen Zelle wird eine ganz neue funktionelle Einheit aufgebaut, die im Endeffekt komplette Virusteilchen des infizierenden Typs synthetisiert" (W. Weidel 1953).

Vom Standpunkt der makromolekularen Chemie aus ist daher mit aller Entschiedenheit die Frage zu stellen, welche Substanzmenge zum Lebendigsein gehört, wie groß also die letzte unteilbare Einheit des Lebendigen, sein „atomos" (M. Staudinger 1950) ist oder sein kann. Befragt man die lebende Natur danach, so stößt man auf die Zellen:

„Was für den Chemiker die Atome bedeuten, die Elemente, aus denen die Körper, mit denen er es zu tun hat, bestehen, das sind für den Biologen die Zellen. Sie sind die Einheiten, an denen sich das Leben abspielt. Eine wirklich einwertige Zelle, wie eine einkernige Amöbe, eine einkernige Epithel- oder Furchungszelle eines Wirbeltieres, läßt sich nicht weiter zerlegen, ohne daß das Leben zugleich vernichtet wird. Nur auf dem Wege einer natürlichen Zellteilung (Zweiteilung) ist eine Vermehrung und Zerlegung der Zelle möglich" (M. Hartmann 1947, S. 25).

Als letztmögliche, völlig selbständige Größenordnung, als „atomos des Lebendigen" sind die Keimzellen der Lebewesen zu betrachten; denn nur eine intakte, befruchtete Eizelle oder Spore gewährleistet eine normale Entwicklung eines neuen Organismus. Auf diese Größenordnung muß ausdrücklich hingewiesen werden im Hinblick darauf, daß oft das Virus mit seinen im Verhältnis zu den Bakterien sehr kleinen Abmessungen (vgl. Tab. 25) als Übergang von unbelebter zu lebendiger Materie betrachtet wird.

Fragt man danach, wie solche Keimzellen, ein derartiges bereits ziemlich ansehnliches „atomos" des Lebendigen, chemisch zusammengesetzt ist, so ergibt folgende überschlagsmäßige Berechnung eine Vorstellung davon: man kann die Größe der Lebewesen durch die Zahl der sie zusammensetzenden Atome

beschreiben. Das Durchschnittsatomgewicht der vier Hauptatome der organischen Substanz, also von Kohlenstoff, Sauerstoff, Wasserstoff und Stick-
stoff, kann man zu ungefähr 6 annehmen; denn die leichten Wasserstoff-
atome kommen häufiger in organischen Stoffen vor als die übrigen drei
schwereren Atome. Danach enthält 1 g von organischen Pflanzen- oder Tier-
stoffen 10^{23} Atome, und da das durchschnittliche spezifische Gewicht dieser
Stoffe rund 1 ist, so enthält 1 cm³ derselben etwa 10^{23} Atome.

Sieht man sich nun nach den kleinsten bekannten Lebewesen um, so
kann man Bakteriensporen zu denselben rechnen. Betrachtet man eine
solche unter der Annahme, daß sie Kugelgestalt hat mit einem Durchmesser
von etwa $0,124\,\mu$, so hat ein derartiges „atomos" lebender Substanz ein
Volumen von 10^{-15} cm³ und besteht danach aus etwa 10^8 Atomen. 10^8 Atome
müssen also in eine ganz bestimmte Anordnung gebracht werden, damit eine
vermehrungsfähige Bakterienspore entsteht. Diese Atomzahl baut eine Anzahl Makromoleküle und eine große Zahl kleiner Moleküle auf. In dieser
sehr vereinfachten Betrachtung sieht die Substanz einer solchen Spore folgendermaßen aus (H. Staudinger 1947) (Tab. 24):

Tabelle 24. *Die kleinste Bakterienspore mit einem Durchmesser von $0,124\,\mu$ hat ein
Gewicht von 10^{-15} g (spez. Gew. $= 1$) und besteht nach Abzug eines Wassergehaltes
von 50% aus $5 \cdot 10^7$ Atomen.*

Verteilung dieser auf die Moleküle, wenn die Bakterienspore aufgebaut ist, aus:

30 % aus Makromolekülen mit 10^6 Atomen	=	15 Makromoleküle
30 % „ „ „ 10^5 „	=	150 „
10 % „ „ „ 10^4 „	=	500 „
10 % „ Molekülen „ 10^3 „	=	5000 Moleküle
10 % „ „ „ 10^2 „	=	50000 „
10 % „ „ „ 10 „	=	500000 „

Es ist also „experimentell" im lebendigen Geschehen erwiesen, daß so
viel und nicht weniger Substanz nötig ist, um ein neues Bakterium zu bilden. Außerdem muß diese stattliche Menge Substanz in einer bis ins feinste
geregelten Ordnung vorliegen. Erst dann ist jenes genau determinierte Zusammenspiel ermöglicht, welches das Leben eines derartigen Organismus
trägt.

Im Hinblick auf die letzte Einheit des Lebendigen kommt die makromolekulare Chemie also zu ganz anderen Konsequenzen als die früheren
Theorien der Biologen. Die hier benötigten Dimensionen liegen sehr viel
höher, eine „submikroskopische" Einheit ist zu klein. Die Natur selbst beantwortet diese Frage, indem sie für die Keimzellen der Organismen so
viel Stoff verlangt.

Diesem aus den Ergebnissen der makromolekularen Chemie abgeleiteten
„Verbot" eines allzu kleinen „atomos des Lebendigen" steht auf der anderen
Seite die „Erlaubnis" gegenüber, daß die Größe der Lebewesen nach oben
hin vom chemischen Standpunkt aus nicht begrenzt zu sein braucht,
daß also etwa eine Sequoia gigantea noch nicht das größte Lebewesen sein

müßte. Ferner ergibt sich hieraus, daß dank der Variationsbreite makromolekularer Architektonik noch viel mehr Arten und alle Übergänge zwischen denselben in chemischer Hinsicht möglich wären. Daß sie nicht in diesem Ausmaße vorhanden sind, hat jedenfalls keine chemischen Gründe; denn seitens der organischen Chemie wird an ihrer oberen Grenze, dem Gebiet der kompliziertesten Makromoleküle, der lebenden Natur eine ungeheure Mannigfaltigkeit individueller Proteine und anderer Verbindungen geboten, die die Mannigfaltigkeit der bekannten Arten der Lebewesen weit übertrifft. Auf dieser Stufe gerät, wie B. Bavink (1944) dies ausdrückt, das streng Deterministische in der Chemie in Fluß:

„Wenn es also sicherlich in der Welt viele Sextillionen oder Septillionen gleicher Wassermoleküle und auch noch Quadrillionen gleicher Traubenzuckermoleküle und dergleichen gibt, so wird es doch schon problematisch, ob die Anzahl der in der *Welt* vorhandenen einzelnen genau gleichen Stärkemoleküle noch wesentlich über die viel niedrigere Größenordnung von 10^3 bis 10^4 hinausgeht, und bei den allerverwickeltsten Eiweißstoffen dürfte diese Zahl bis unter 100, ja bis unter 10 hinunter gehen, mit anderen Worten: hier dürfte der Fall eintreten, daß jedes Molekül dieser Art schon etwas Einmaliges oder sich höchstens einige Male hie und da Wiederholendes ist. Wenn das aber der Fall ist, dann ergibt sich im Gebiet dieser höchstentwickelten organischen Stoffe eine neue „obere Grenze“ der im klassischen Sinne streng deterministischen Chemie.“

„Sollte es nun ein bloßer Zufall sein, daß das Leben gerade an dieser Grenze der Verwickeltheit der organischen Stoffe beginnt?“

Und so ist denn hier ein ungeheuer weiter Spielraum gegeben; die stoffbildenden Kräfte entfalten ihr ganzes Können. Die gegebenen Möglichkeiten werden ausgeschöpft, wie ein kategorischer Imperativ steht es vor allem weiteren Geschehen: „Es werde!“ Die Natur wird zum schöpferischen Künstler, dessen Erfindungskraft sich mit der Materie verbindet und unter Erfüllung und Berücksichtigung aller Möglichkeiten und Bedingungen, die in den Konstanten der Materie gegeben sind, geht sie an ein Gestalten ohne Ende (vgl. dazu H. Friedmann 1930). Aus der unbegrenzten Fülle des Möglichen wird immer wieder Neues, Einmaliges geschaffen und ausgelöscht, um wieder Neuem und noch nicht Dagewesenem Platz zu machen. Angesichts dieser Tatsachen bekommt das Dichterwort vom „Stirb und werde“ einen besonderen Klang und Sinn (vgl. F. Oehlkers 1951).

Dieses ständige Kommen und Gehen ist andererseits mit einer erstaunlichen Stabilität des Geschehens verbunden, wie die Konstanz der Arten zeigt. Die solide Grundlage dafür ist ebenfalls in der Architektonik der Makromoleküle gegeben; denn bei aller ihrer Sensibilität und Reaktionsfähigkeit verfügen sie als Makromoleküle über die Stabilität ihres Makroradikals (vgl. Abschn. 2 d). Nur an Hand dieser Stabilität kann die Ordnung im Geschehen trotz seiner Dynamik erhalten bleiben. Nur ein makromolekularer Bau der entsprechenden Stoffe vermag die vorgeschriebene Entwicklung zu garantieren, denn diese stellt „unvorstellbar strenge Ansprüche an die Integrität der Erbsubstanz“ (E. Hadorn 1953). So ist auch die Möglichkeit gegeben zur ständigen Reproduktion desselben Organismus durch unzählige Generationen, ja selbst durch ganze Erdperioden hindurch, wie das Beispiel der seit dem Silur in immer gleicher Gestalt bekannten Lingulella oder des aus der Jura-Formation stammenden Coelacanthus zeigt.

Auch in energetischer Hinsicht ist ein Makromolekül stabil; denn durch seine Größe ist es ein ausgezeichneter Puffer gegen Störungen von außen. Wird irgendeine Stelle durch äußere Einwirkung, durch Stöße oder Strahlung erreicht, so verteilt sich diese Energie durch Kopplung der Schwingungen sehr rasch über das Molekül und wird an die Umgebung abgegeben, bevor es zu gefährlicher Energieanhäufung kommt (F. Patat 1953).

Angesichts aller dieser Tatsachen könnte man die Grenze zwischen Physik und Chemie einerseits und Biologie andererseits fallen lassen; denn mit der Welt der Makromoleküle erscheint diese Lücke geschlossen, und die Frage der Kontinuität der Natur an dieser Stelle sollte mehr denn je positiv beantwortet werden. So einfach ist aber diese Grenze nicht. So interessant die Tatsache ist, daß kleinste Lebewesen, Virusteilchen und größte Makromoleküle sich in bezug auf Größe bzw. Durchmesser treffen, so muß beachtet werden, daß sich diese verschiedenen Bereiche nur größenordnungsmäßig berühren (Tab. 25).

Tabelle 25.

Teilchengewichte von Bakterien, Virus und Makromolekülen.

Name	Teilchengewicht = physikal. Molgewicht
Influenza-Virus	7.10^8
C_{16} Bacteriophage	$1,7.10^8$
Tabakmosaik-Virus	$4,3.10^7$
Leberglycogen	$2,3.10^7$ *
Hämocyanin (Helixblut)	$6,7.10^6$
Jodbenzoylglycogen	6.10^6 *
Gelbes-Fieber-Virus	$4,3.10^6$
Hämocyanin (Octopus)	$2,8.10^6$
Muskel-Glycogen	2.10^6 *
Myosin in Wasser etwa	1.10^6
Myosin in Harnstofflösung	1.10^5
Maul- und Klauenseuche-Virus	4.10^5
Hämoglobin (Pferd) in Wasser	$6,7.10^4$
Hämoglobin (Pferd) in Harnstofflösung	$3,4.10^4$
Pepsin osmot.	$3,6.10^4$ *
aus Sedimentationsgeschw.	$3,5.10^4$
aus P-Gehalt 1 Atom P/Mol	$4,0.10^4$
aus Cl-Gehalt 2 Atome Cl/Mol	$3,5.10^4$
Eieralbumin	4.10^4

*) Phys. Molgew. = chem. Molgew.

Der innere Bau der einzelnen Vertreter und daher auch ihr Verhalten sind verschieden. Obwohl die Biologie die Geltung der physikalischen und chemischen Gesetzmäßigkeiten zur Voraussetzung hat, so ist doch gerade auf Grund der Kenntnis makromolekularer Eigenschaften sehr genau darauf zu achten, wo Physik und Chemie aufhören und wo Biologie beginnt. Die statistischen Gesetzmäßigkeiten der Physik und der niedermolekularen Chemie benötigen bereits auf der Stufe der makromolekularen Chemie zusätzlicher weiterer Faktoren; denn bereits bei einem Makromolekül und noch viel mehr bei einem Organismus tritt zur Gesetzmäßigkeit einer bloßen Addition von Größen und Kräften die Gesetzmäßigkeit einer bestimmten Ordnung und Form. Gestalt und Struktur werden dominant im Geschehen (M. STAUDINGER 1950). So vollzieht sich auf dieser Stufe ein Übergang aus dem Quantitativen mit seiner Statistik ins Reich der Qualität mit seiner andersartigen Gesetzlichkeit, indem die quantitativen Gesetze als Grundlage beibehalten werden. Die eigene Gesetzlichkeit solcher verschiedenen Stufen und das Herauswachsen einer aus der anderen hat N. HARTMANN durch ihre ihnen eigentümlichen Kategorien charakterisiert (N. HARTMANN 1926, 1950). Diese spezifischen Gesetze der zunehmenden Komplizierung sind Gegenstand künftiger Forschung.

Diese streng einzuhaltenden Grenzen verlangen, daß die Annahmen der Urzeugung der Substanzen des Lebendigen oder gar eines ganzen Organismus einer Revision unterzogen werden; denn eine Urzeugung setzt voraus die Entstehung der komplizierten organischen Substanzen aus anorganischen auf Grund von Gesetzmäßigkeiten letzterer. Diese aber reichen nach heutiger Kenntnis für niedermolekulare und vielleicht einfachste Makromoleküle aus, nicht aber (G. V. SCHULZ 1950 b) für ein ganz bestimmt gemustertes Makromolekül, geschweige denn für ein „atomos des Lebendigen". Gesetzt der Fall, solche hochkomplizierte Stoffe könnten überhaupt entstehen, so wäre damit noch keine lebende Materie geschaffen: wie B. BAVINK (1947, S. 366) bemerkt, kann ein bloßer Haufen von Messing, Eisen, Holz usw. so wenig eine Maschine werden, wie eine Anhäufung von Zucker, Stärke, Eiweißstoffen (vorausgesetzt, daß diese sich gleichzeitig am gleichen Ort und zur gleichen Zeit gebildet haben) eine lebende Zelle bilden. Es wäre vielmehr nur das, was von einer Zelle übrig bleibt, wenn sie getötet ist. Die Hypothesen der Panspermie und diejenigen der geschilderten kleinsten lebenden Einheiten verlegen das Problem nur in eine andere Dimension, ohne es zu lösen. Will man aber an einer dieser Annahmen festhalten, so müssen die für einen derartigen Prozeß notwendigen Gesetzmäßigkeiten höherer Ordnung mitberücksichtigt werden (H. STAUDINGER 1947).

Schließlich ist noch zu erwähnen, daß alle diese Grenzen ebenso zu respektieren sind wie die Abgrenzung naturwissenschaftlicher Methodik und ihrer experimentell gewonnener Erkenntnisse gegenüber solchen Problemen, wie etwa der menschlichen Willensfreiheit.

In dieser Weise erscheint heute die makromolekulare Chemie zwischen die niedermolekulare organische Chemie und die Cytologie eingeordnet, und im Licht dieser neuen Forschung zeigt sich das Wunder des Lebens von seiner chemischen Seite her in der großartigen, unerhört mannigfaltigen, makromolekularen Architektonik der lebenden Materie.

Literatur

Ardenne, M. v., und D. Beischer, 1940: Untersuchung des Feinbaues hochmolekularer Stoffe mit dem Universal-Elektronenmikroskop. Z. physik. Chem. (B) **45**, 465—473.

Astbury, W. T., 1936: Neue Fortschritte in der röntgenographischen Untersuchung von Proteinfasern. J. Textile Inst. **27**, 282—297.

Baird, D. K., W. N. Haworth and E. L. Hirst, 1935: Polysaccharide. J. chem. Soc. (London) 1201—1205; 1299—1303.

Batzer, H., 1950: Über lineare makromolekulare Polyester. Makromolekulare Chem. **5**, 5—82.

— und B. Mohr, 1952: Über Polyester mit sterisch einheitlichen Doppelbindungen. Makromolekulare Chemie **8**, 217—251.

— 1953: Über physikalische Eigenschaften linearer Polyester. Makromolekulare Chem. **10**, 13—29.

Bavink, B., 1944: Ergebn. u. Probleme der Naturwiss., 8. Auflage, Leipzig. S. 457, 458.

Bayer, O., 1947: Das Di-Isocyanat-Polyadditionsverfahren (Polyurethane). Angew. Chem. **59**, 257—272.

Bergmann, M., 1925: Über den hochmolekularen Zustand von Kohlenhydraten und Proteinen und seine Synthese. Angew. Chem. **38**, 1141—1144.

— 1926: Über den Molekülbegriff in der Strukturchemie. Naturw. **14**, 1224—1227.

— 1926: Allgemeine Strukturchemie der komplexen Kohlenhydrate und der Proteine. Ber. dtsch. chem. Ges. **59**, 2973—2981.

Bier, G., 1949: Über den Einfluß der Doppelbindung auf die Viskositätszahl von Kettenmolekülen. Makromolekulare Chem. **4**, 41—49.

Bragg, W. H., 1926: Cristaux Organiques. Ber. des 2. Solvay-Kongresses Brüssel 1925, 21—41.

Breitenbach, J. W., und H. Karlinger, 1949: Über Quellung von vernetzter Polymethacrylsäure. Mh. Chem. **80**, 311—312.

Butenandt, A., 1953: Biochemie der Gene und Genwirkungen. Verh. Ges. dtsch. Naturf. 43—52.

Carothers, W. H., und Mitarb., 1929: Untersuchungen über Polymerisation und Ringbildung. J. amer. chem. Soc. **51**, 2548—2560, 2560—2570.

Cohn, E. J., and J. T. Edsall, 1943: Proteins, aminoacids and peptides. New York.

Consden, R., A. H. Gordon and A. J. P. Martin, 1947: Identification of lower peptides in complex mixtures. Biochem. J. (Brit.) **41**, 590—596.

Debye, P., and A. M. Bueche, 1948: Intrinsic Viscosity, Diffusion, and Sedimentation Rate of Polymers in Solution. J. chem. Physics **16**, 573—579.

Dobry, A., 1935: Osmotischer Druck von Nitrocelluloselösungen. J. chim. Phys. **32**, 50—57.

— 1937: Über das Molekulargewicht und die Viskosität der Hochpolymeren. Kolloid-Z. **81**, 190—195.

Dostal, H., und H. Mark, 1935: Über den Mechanismus von Polymerisationsreaktionen. Z. phys. Chem. (B) **29**, 299—314.

Doty, P., H. Wagner and S. Singer, 1947: The Association of Polymer Molecules in Dilute Solution. J. phys. coll. Chem. **51**, 32—57.

Edsall, J. T., 1954: Configuration of certain protein molecules, an inquiry concerning the present status of our knowledge, Symposium on macromolecules, Uppsala 1953, J. Polymer Sci. **12**, 253—280.

Fankuchen, J., 1941: Y-Ray Diffraction studies of protein preparations. Cold Spring Harbor Symp. Quant. Biol. **IX**, 199.

Fischer, E., 1906: Untersuchungen über Aminosäuren, Polypeptide und Proteine. Ber. dtsch. chem. Ges. **39**, 530—610.

— 1913: Synthese von Pepsiden, Flechtenstoffen und Gerbstoffen. Ber. dtsch. chem. Ges. **46**, 3253—3289.

— und K. Freudenberg, 1913: Über das Tannin und die Synthese ähnlicher Stoffe. Ber. dtsch. chem. Ges. **46**, 1116—1138.

Fischer, M. H., und M. O. Hooker, 1934: Die lyophilen Kolloide. Kolloidchem. Beih. **40**, 241—412.

— — 1935: Die lyophilen Kolloide. Kolloidchem. Beih. **41**. 95—146.

Freudenberg, K., 1933: Tannin, Cellulose, Lignin. Berlin.

— und W. Nagai, 1932: Synthese der methylierten Cellotriose (Dekamethyl-β-methylcellotriosid). Liebigs Ann. Chem. **494**, 63—68.

— W. Kuhn, W. Dürr, F. Bolz und G. Sternbrunn, 1930: Die Hydrolyse der Polysaccharide. Ber. dtsch. chem. Ges. **63**, 1510—1530.

— und Mitarb., 1936: Hydrolyse und Acetolyse der Stärke und der Schardinger-Dextrine. Ber. dtsch. chem. Ges. **69**, 1258—1266.

Frey-Wyssling, A.. 1935: Die Stoffausscheidung der höheren Pflanzen. Berlin.

Friedmann, H., 1930: Die Welt der Formen, München.

Fuoss, R. M., 1952: Disc. Faraday Soc. **11**. 125; vgl. auch Fuoss, R. M.. 1953: Polyelectrolytes in H. A. Stuart: Die Physik der Hochpolymeren. 2. Bd.: Das Makromolekül in Lösungen, Berlin, S. 680.

Hadorn, E., 1953: Genetik- und Entwicklungsphysiologie. Verh. Ges. dtsch. Naturf. 37—43.

Hall, C. E., M. A. Jakus and F. O. Schmitt, 1942: Electron microscope observations of collagen. J. amer. chem. Soc. **64**, 1234.

Harries, C.. 1919: Untersuchungen über natürliche und künstliche Kautschuksorten. Berlin.

Hartmann, M., 1947: Allgemeine Biologie. Jena.

Hartmann, N., 1926: Kategoriale Gesetze. Philosophischer Anzeiger **1**. 201.

— 1950: Philosophie der Natur. Berlin.

Haworth, W. N.. und S. Peat, 1926: Die Konstitution der Disaccharide. J. chem. Soc. (London) 3094—3101.

— W. Charlton und S. Peat, 1926: Eine Prüfung der Strukturformel für Glucose. J. chem. Soc. (London) 89—101.

— and E. G. V. Persival, 1932: Polysaccharide. J. chem. Soc. (London) 2277—2282.

— and H. Machemer, 1932: Polysaccharide. J. chem. Soc. (London) 2270—2277.

Hengstenberg. J., 1953: Sedimentation und Diffusion von Makromolekülen, vgl. H. A. Stuart, 1953, Die Physik der Hochpolymeren, 2. Bd., Das Makromolekül in Lösungen, Berlin.

Hermans, P. H., 1949: Physics and Chemistry of Cellulose Fibers. New York.

Hertwig, O., 1923: Allgemeine Biologie. Jena.

Höber, R., 1947: Physikalische Chemie der Zellen und Gewebe. Bern.

Houwink, R., 1940: Zusammenhang zwischen viskosimetrisch und osmotisch bestimmten Polymerisationsgraden bei Hochpolymeren. J. prakt. Chem. **157**. 15—18.

Husemann, E., und A. Carnap, 1944: Über die Lagerung der Lockerstellen von Cellulosemolekülen in der Faser. Naturw. **32**, 79—80.

— und H. Ruska. 1940: Versuche zur Sichtbarmachung von Glycogenmolekülen. J. prakt. Chem. **156**, 1—10.

— 1940: Die Sichtbarmachung von Molekülen des Jodbenzoylglycogens. Naturw. **28**, 534.

— und G. V. Schulz, 1942: Vergleichende osmotische und viskosimetrische Molekulargewichtsbestimmungen an fraktionierten und unfraktionierten Nitrocellulosen. Z. physik. Chem. (B) **52**, 1—22.

Jakus, M. A., and C. E. Hall, 1946: Actin and myosin. Biol. Bull. **90**, 32.

Jirgensons, B., 1948: Changes of Viscosity associated with Denaturation of some Spheroproteins. Makromolekulare Chem. **2**, 201—212.

Karrer, P., 1920: Zur Kenntnis der Polysaccharide. Helv. chim. Acta **3**, 620—639.

— und Mitarb., 1921: Zur Kenntnis der Polysaccharide. Helv. chim. Acta **4**, 185—202.

— 1925: Einführung in die Chemie der polymeren Kohlenhydrate. Leipzig. S. 4 u. 8.

Katz, J. R., 1925: Über die Änderung des Röntgenspektrums des Kautschuks bei der Dehnung. Kolloid-Z. **36**, 300—307; vgl. auch 1951: Fester Zustand der hochpolymeren Subst. Sonderheft der Kolloid-Z. **120**.

Katchalsky, A., 1951: Solutions of Polyelectrolytes and Mechanochemical Systems. J. Polymer Sci. 7, 393—412.

— 1954: Problems in the physical chemistry of polyelectrolytes, Symposium on macromolecules, Uppsala 1953, J. Polymer Sci. 12, 159—181.

Kern, W., 1938: Über heteropolare Molekülkolloide. Z. physik. Chem. (A) 181, 249—282.

— 1938: Untersuchungen an wäßrigen Lösungen hochmolekularer Säuren und ihrer Salze. Angew. Chem. 51, 566—569.

— 1939: Der osmotische Druck wäßriger Lösungen polyvalenter Säuren und ihrer Salze. Z. physik. Chem. (A) 184, 197—210; 302—308; Die Dissoziation polyvalenter makromolekularer Säuren. Biochem. Z. 301, 338—356.

Kirkwood, J. G., und J. Risemann, 1948: The intrinsic viscosities and diffusion constants of flexible macromolecules in Solution. J. chem. Phys. 16, 565—573.

Krafft, F., und A. Stern, 1894: Über das Verhalten der fettsauren Alkalien und der Seifen in Gegenwart von Wasser. Ber. dtsch. chem. Ges. 27, 1747—1754.

Kuhn, W., 1934: Über die Gestalt fadenförmiger Moleküle in Lösungen. Kolloid-Z. 68, 2—15.

— 1936: Gestalt und Eigenschaften fadenförmiger Moleküle in Lösungen. Angew. Chem. 49, 858—862; Beziehungen zwischen Molekülgröße, statistischer Molekülgestalt und elastischen Eigenschaften hochpolymerer Stoffe. Kolloid-Z. 76, 258—271.

— 1938: Die Bedeutung der Nebenvalenzkräfte für die elastischen Eigenschaften hochmolekularer Stoffe. Angew. Chem. 51, 640—647.

— und H. Kuhn, 1943: Die Frage nach der Aufrollung von Fadenmolekeln in strömenden Lösungen. Helv. chim. Acta 26, 1394—1465.

— O. Künzle, et A. Katchalsky, 1948: Dénouement de molécules en chaines polyvalentes par des charges électriques en solution. Bull. Soc. Chim. Belg. 57, 421—431.

— — — 1948: Verhalten polyvalenter Fadenmolekelionen in Lösung, Helv. chim. Acta 31, 1994—2037.

— 1949: Betrachtung über die Form von Fadenmolekeln in guten und schlechten Lösungsmitteln. Helv. chim. Acta 32, 735—743.

— und Mitarb., 1950: Reversible Dilatation und Kontraktion durch Veränderung des Ionisierungszustandes hochmolekularer vernetzter Säuren. Nature 165, 514—516.

— und B. Hargitay, 1951: Muskelähnliche Kontraktion und Dehnung von Netzwerken polyvalenter Fadenmolekülionen. Experientia 7, 1—11.

— — 1951: Muskelähnliche Arbeitsleistung künstlicher hochpolymerer Stoffe. Z. Elektrochemie 55, 490—505.

Lehmann, F. E., 1951: in Mikroskopische u. chemische Organisation der Zelle, 2. Colloquium der dtsch. Ges. für physiol. Chemie, Berlin. 1952: Public. della Stazione Zoologica (Napoli), Symp. über submikr. Struktur des Protoplasmas.

Lansing, W. D., und E. O. Kraemer, 1935: Eine molekulare Gewichtsanalyse von Gemischen mit Hilfe des Sedimentationsgleichgewichtes in der Svedbergschen Ultrazentrifuge. J. amer. chem. Soc. 57, 1369—1377.

Lumière, A., 1925: Struktur der Kolloide. La Science moderne 3, 7—13.

Meyer, K. H., und H. Mark, 1928: Über den Bau des krystallisierten Anteils der Cellulose. Ber. dtsch. chem. Ges. 61, 593—614.

— 1940: Über verzweigte und unverzweigte Stärkebestandteile. Naturw. 28, 397.

— und Mitarb., 1940: Sur la structure fine du grain d'amidon et sur les phénomènes du gonflement. Helv. chim. Acta 23, 890—897.

Mirsky, A., 1941: Protein folding and unfolding. Cold Spring Harbor Symp. IX. 278, 258.

Mittasch, A., 1936: Über Katalyse und Katalysatoren in Chemie und Biologie, Berlin.

Müller, A., und G. Shearer, 1923: Weitere X-Strahlen-Untersuchungen an Verbindungen mit langen Ketten. J. chem. Soc. (London) 123, 3156—3164.

Myrbäck, K., 1937: Über den Acetylbromidabbau von Stärke und Dextrinen. Svensk Kem. Tidskr. **49**, 271—274.
— 1943: Der enzymatische Abbau der Stärke und der Bau der Stärkemakromoleküle. J. prakt. Chem. **162**, 29—62.
Nägeli, C., und S. Schwendener, 1877: Das Mikroskop, Leipzig; vgl. auch 1928: Die Micellartheorie (Ostwalds Klassiker d. exakten Wiss.), Nr. 227, Leipzig.
Oehlkers, F., 1951: Die Kontinuität des Lebendigen. Freiburger Rektoratsreden, Neue Folge, Heft 9, Freiburg i. Br.
Ostwald, Wo., 1907: Zur Systematik der Kolloide. Kolloid-Z. **1**, 291—300.
— 1913: Über die Bedeutung der Viskosität für das Studium des kolloiden Zustandes. Kolloid-Z. **12**, 213—222.
— 1927: Die Welt der vernachlässigten Dimensionen, 9./10. Auflage, Berlin, S. 73.
Patat, F., 1953: Makromolekulare Voraussetzungen des biologischen Wachstums. Naturw. **40**, 325—328.
Peterlin, A., 1953: Lichtzerstreuung in Mischungen und Lösungen von Makromolekülen, vgl. H. A. Stuart 1953, Die Physik der Hochpolymeren, 2. Bd., Das Makromolekül in Lösungen, Berlin.
Plötze, E., und H. Person, 1939: Röntgenographische Untersuchungen polymer-homologer Cellulosefasern. Naturw. **27**, 693.
— — 1940: Die Kristallitorientierung in Fasercellulosen. Z. physik. Chem. (B) **45**, 193—200.
Polson, A., 1939: Über die Berechnung der Gestalt von Proteinmolekülen, Kolloid-Zeitschr. **88**, 51—61.
Pummerer, R., 1927: Kryoskopische Molekulargewichts-Bestimmungen des Kautschuks. Ber. dtsch. chem. Ges. **60**, 2167—2175.
Putzeys, P., und J. Brosteaux, 1935: Die Lichtstreuung in Proteinlösungen. Trans. Farad. Soc. **31**, 1314—1325.
Sadron, Ch., 1948: Relation of Intrinsic Viscosity of Polymer Solutions to Degree of Polymerization and Temperature. J. Polymer Sci. **3**, 812—828.
— 1954: Les lois de la diffusion de la lumière du point de vue de leur application à l'étude des macromolécules en solution étendue, Symposium on macromolécules, Uppsala 1953, J. Polymer Sci. **12**, 69—94.
Sanger, F., 1952: The arrangement of amino acids in proteins. Adv. Protein Chem. **7**, 1—67.
Schramm, G., 1947: Über das Molekulargewicht des Tabakmosaikvirus. Z. Naturforschung **2 b**, 108—112; Über die Spaltung des Tabakmosaikvirus und die Wiedervereinigung der Spaltstücke zu höhermolekularen Proteinen. Z. Naturforschung **2 b**, 112—121.
Schulz, G. V., 1935: Über die Beziehung zwischen Reaktionsgeschwindigkeit und Zusammensetzung des Reaktionsproduktes bei Makropolymerisationsvorgängen. Z. physik. Chem. (B) **30**, 379—398.
— 1936: Über die Verteilung der Molekulargewichte in hochpolymeren Gemischen und die Bestimmung des mittleren Molekulargewichtes. Z. physik. Chem. (B) **32**, 27—45.
— und E. Husemann, 1937: Über die Kinetik der Kettenpolymerisationen. Überblick über die Methoden und bisherigen Ergebnisse. Angew. Chem. **50**, 767—773.
— 1938: Über Polydispersität und Polymolekularität. Z. Elektrochemie **44**, 102—104.
— und A. Dinglinger, 1939: Die Verteilung der Molekulargewichte in Polymerisaten von Polystyrol. Z. physik. Chem. **43**, 47—57.
— und F. Blaschke, 1941: Eine Gleichung zur Berechnung der Viskositätszahl für sehr kleine Konzentrationen. J. prakt. Chem. **158**, 131—135.
— und E. Husemann, 1942: Über die Verteilung der Molekulargewichte in abgebauten Cellulosen und ein periodisches Aufbauprinzip im Cellulosemolekül. Z. phys. Chem. (B) **52**, 23—49.
— 1942: Über die Molekulargewichtsverteilung bei Abbau von Kettenmolekülen mit regelmäßig eingebauten Lockerstellen. Z. phys. Chem. (B) **52**, 50—60.
— 1944: Absolute Molekülgrößenbestimmung an makromolekularen Stoffen durch Messung der Intensität des Streulichtes. Z. physik. Chem. **194**, 1—27.
— und G. Harborth, 1948: Die Bestimmung des Molekulargewichts und der räumlichen Ausdehnung von Makromolekülen nach der Streulichtmethode, Makromolekulare Chem. **2**, 187—200.

Schulz, G. V., 1950 a: Probleme der Größe und Gestalt von Makromolekülen. Z. Elektrochemie **54**, 13—22.
— 1950 b: Über den makromolekularen Stoffwechsel der Organismen. Naturw. **37**, 223—229.
— 1952: Molekülgrößenbestimmung an makromolekularen Stoffen. Experientia **8**, 171—182.
Signer, R., 1930: Über die Strömungsdoppelbrechung der Molekülkolloide. Z. physik. Chem. (A) **150**, 257—284.
— und H. Gross, 1934: Über das Verhalten von Polystyrolen in der Svedbergschen Sedimentationsgeschwindigkeitszentrifuge. Helv. chim. Acta **17**, 59—77; 335—351; 726—735.
— 1936: Das Molekulargewicht von Polystyrol und die Gestalt der Moleküle in Lösungen. Trans. Faraday Soc. **32**, 296—307.
Sörensen, S. P. L., 1919: Über den osmotischen Druck der Eieralbuminlösungen. Hoppe-Seylers Z. physiol. Chem. **106**, 1—130.
Staudinger, H., 1920: Über Polymerisation. Ber. dtsch. chem. Ges. **53**, 1073—1085.
— und J. Fritschi, 1922: Über die Hydrierung des Kautschuks und über seine Konstitution. Helv. chim. Acta **5**, 785—806.
— 1924: Über die Konstitution des Kautschuks. Ber. dtsch. chem. Ges. **57**, 1203—1208.
— und M. Lüthy, 1925: Über die Konstitution der Polyoxymethylene. Helv. chim. Acta **8**, 41—64.
— 1926: Die Chemie der hochmolekularen organischen Stoffe im Sinne der Kékuleschen Strukturlehre. Ber. dtsch. chem. Ges. **59**, 3019—3043.
— H. Johner, und R. Signer, G. Mie und J. Hengstenberg, 1927: Der polymere Formaldehyd, ein Modell der Cellulose. Z. physik. Chem. **126**, 425—448.
— und E. Urech, 1929: Über die Polyacrylsäure und Polyacrylsäureester. Helv. chim. Acta **12**, 1107—1133.
— und R. Signer, 1929: Über den Kristallbau hochmolekularer Verbindungen. Z. Kristallographie **70**, 193—210.
— 1929 a: Über die organischen Kolloide. Ber. dtsch. chem. Ges. **62**, 2893—2909.
— 1929 b: Die Chemie der hochmolekularen organischen Stoffe im Sinne der Kékuléschen Strukturlehre. Z. Angew. Chem. **42**, 37 und 67.
— M. Brunner, K. Frey, P. Garbsch, R. Signer und S. Wehrli, 1929: Über das Polystyrol, ein Modell des Kautschuks. Ber. dtsch. chem. Ges. **62**, 241—263; vgl. die Dissertationen M. Brunner, Zürich 1926, und S. Wehrli, Zürich 1926.
— R. Signer und Mitarb., 1929: Über die Konstitution der Polyoxymethylene. Liebigs Ann. Chem. **474**, 145—275.
— und W. Heuer, 1930: Beziehungen zwischen Viskosität und Molekulargewicht bei Polystyrolen. Ber. dtsch. chem. Ges. **63**, 222—234.
— 1930: Über die Konstitutionsaufklärung hochmolekularer Verbindungen. Z. physik. Chem. (A) **153**, 391—424.
— 1931: Sur la Constitution des Colloides Moléculares. Bull. Soc. chim. France (4) **49**, 1267.
— und E. O. Leupold, 1932: Über homologe Polyprane. Helv. chim. Acta **15**, 221—230.
— 1932: Die hochmolekularen organischen Verbindungen Kautschuk und Cellulose. Berlin.
— und E. Trommsdorff, 1933: Über das Molekulargewicht von Polyacrylsäure und Polyacrylsäureester. Liebigs Ann. Chem. **502**, 201—223.
— 1933: Viscosity Investigations for the Examination of the Constitution of Natural Products of high Molecular Weight and of Rubber and Cellulose. Trans. Faraday Soc. **31**, 18—32.
— 1934: Die neue Entwicklung der organischen Kolloidchemie. IX. Internat. Chemiker-Kongreß, Madrid.
— und H. Scholz, 1934: Über das Molekulargewicht der Methylcellulose. Ber. dtsch. chem. Ges. **67**, 84—91.
— und W. Heuer, 1934: Über das Zerreißen der Fadenmoleküle des Polystyrols. Ber. dtsch. chem. Ges. **67**, 1159—1164.

STAUDINGER, H., und E. HUSEMANN, 1935: Über das begrenzt quellbare Polystyrol. Ber. dtsch. chem. Ges. 68, 1618—1634.

— 1935: Über die Einteilung der Kolloide. Ber. dtsch. chem. Ges. 68, 1682—1691.

— und W. FROST, 1935: Über die Polymerisation als 'Kettenreaktion. Ber. dtsch. chem. Ges. 68, 2351—2356.

— M. STAUDINGER und E. SAUTER, 1937: Mikroskopische Untersuchungen an synthetischen hochmolekularen Stoffen. Z. physik. Chem. (B) 37, 403—420.

— und E. HUSEMANN, 1937: Über die Konstitution der Stärke und des Glycogens. Liebigs Ann. Chem. 527, 195—236; 530, 1—20.

— 1937: Über Cellulose, Stärke und Glycogen. Naturw. 25, 673—681.

— und F. REINECKE, 1939: Über den Polymerisationsgrad von Cellulosen in alten Geweben. Melliand Textil-Ber. 20, 109—110.

— und W. DÖHLE, 1942: Über Inclusionscellulosen. J. prakt. Chem. 161, 219—240.

— 1947: Makromolekulare Chemie und Biologie, Basel.

— 1950: Organische Kolloidchemie, 3. Aufl., Braunschweig.

— und H. HELLFRITZ, 1951: Linearkolloide und Sphärokolloide in Polyisobutylenlösung. Makromolekulare Chem. 7, 274—293.

— und Mitarb., 1953: Zur Konstitution der Harnstoff-Formaldehydkondensate. Makromolekulare Chem. 11, 79—80; Über die Kondensationsprodukte von Äthylenthioharnstoff und Formaldehyd. Makromolekulare Chem. 11, 81—82.

— K. H. IN DEN BIRKEN und M. STAUDINGER, 1953: Über den micellaren oder makromolekularen Bau der Cellulosen. Makromolekulare Chem. 9. 148—187.

STAUDINGER, HJ. und F. HAENEL-IMMENDÖRFER, 1943: Molekulargewichtsbestimmung an Glycogenen durch Anwendung des Rayleighschen Gesetzes. J. makromolekulare Chem. 1, 185—196.

STAUDINGER, M., 1942 a: Der fibrilläre Bau natürlicher und künstlicher Cellulosefasern. J. prakt. Chem. 160, 203—216.

— 1942 b: Chemische Anatomie des Holzes, Holz als Roh- und Werkstoff 5. 193—201.

— 1943: Mikroskopische und elektronenmikroskopische Untersuchungen an makromolekularen Stoffen. Chemiker-Ztg. 67, 316—318.

— 1950: Was ist Leben? Naturwiss. Rundschau 3, 200—203.

STUART, H. A., 1949: Physikalische Methoden zur Bestimmung der Größe und Form von Fadenmolekülen in Lösung. Makromolekulare Chem. 3, 176—199.

— 1953: Die Physik der Hochpolymeren, 2. Bd.: Das Makromolekül in Lösungen, Berlin.

SVEDBERG, THE, 1926: Über die Bestimmung von Molekulargewichten durch Zentrifugierung. Z. physik. Chem. 121, 65—77.

— und H. FAHRAEUS, 1926: Eine neue Methode zur Molekulargewichtsbestimmung v. Proteinen. J. amer. chem. Soc. 48, 430—438.

— und J. B. NICHOLS, 1926: Das Mol.-Gewicht von Eialbumin. J. amer. chem. Soc. 48, 3081—3092.

— und SJÖGREN, 1929: Das Mol.-Gewicht des Bence-Jones-Proteins. J. amer. chem. Soc. 51, 3594—3605.

— und K. O. PEDERSEN, 1940: Die Ultrazentrifuge. Dresden.

WAUGH, D. F., 1946: Eine faserige Modification von Insulin. J. amer. chem. Soc. 68, 247—250.

— 1948: Regeneration of Insulin from insulinfibrils by the action of alkali. J. amer. chem. Soc. 70, 1850—1857.

WEIDEL, W., 1953: Entwicklung und Problematik der Virusforschung. Verh. Ges. dtsch. Naturf. 97. Versammlung zu Essen 1952, Heidelberg 1953. S. 56—61.

WEIMARN, P. P. v., 1907: Zur Lehre von den kolloiden, amorphen und kristallinischen Zuständen. Kolloid-Z. 2, 76—84.

— 1925: Die Allgemeinheit des kolloiden Zustandes. Dresden.

WOLPERS, C., 1944: Elektronenmikroskopische Darstellung elastischer Gewebselemente. Virchows Arch. 312, 299.

WYCKOFF, R. W. G., 1949: Electron Microscopy, New York.